Aus dem Institut für Tierernährung des Fachbereichs Veterinärmedizin der
Freien Universität Berlin

und

dem Veterinärwissenschaftlichen Department der Tierärztlichen Fakultät der
Universität München
Lehrstuhl für Tierernährung und Diätetik

**Eine Feldstudie zu Energiebedarf und Energieaufnahme von arbeitenden Pferden zur Überprüfung eines Bewertungssystems auf der Stufe der umsetzbaren Energie**

Inaugural-Dissertation
zur Erlangung des Grades eines
Doktors der Veterinärmedizin
an der
Freien Universität Berlin

vorgelegt von
Christiane Schüler
Tierärztin
aus Nürtingen

Berlin 2009

Journal-Nr.: 3321

Gedruckt mit Genehmigung des Fachbereichs Veterinärmedizin
der Freien Universität Berlin

| | |
|---|---|
| Dekan: | Univ.-Prof. Dr. Leo Brunnberg |
| Erster Gutachter: | Univ.-Prof. Dr. Dr. Jürgen Zentek |
| Zweiter Gutachter: | Univ.-Prof. Dr. Ellen Kienzle |
| Dritter Gutachter: | Univ.-Prof. Dr. Annette Zeyner |

*Deskriptoren (nach CAB-Thesaurus):*
horses, working animals, energy consumption, nutrient requirements, energy intake, metabolizable energy, heart rate, oxygen consumption, body condition, body weight, estimation

Tag der Promotion: 14. September 2009

Bibliografische Information der *Deutschen Nationalbibliothek*

Die Deutsche Nationalbibliothek verzeichnet diese Publikation in der Deutschen Nationalbibliografie; detaillierte bibliografische Daten sind im Internet über <http://dnb.ddb.de> abrufbar.

ISBN: 978-3-86664-694-0
**Zugl.: Berlin, Freie Univ., Diss., 2009**
Dissertation, Freie Universität Berlin
**D 188**

Dieses Werk ist urheberrechtlich geschützt.
Alle Rechte, auch die der Übersetzung, des Nachdruckes und der Vervielfältigung des Buches, oder Teilen daraus, vorbehalten. Kein Teil des Werkes darf ohne schriftliche Genehmigung des Verlages in irgendeiner Form reproduziert oder unter Verwendung elektronischer Systeme verarbeitet, vervielfältigt oder verbreitet werden.

Die Wiedergabe von Gebrauchsnamen, Warenbezeichnungen, usw. in diesem Werk berechtigt auch ohne besondere Kennzeichnung nicht zu der Annahme, dass solche Namen im Sinne der Warenzeichen- und Markenschutz-Gesetzgebung als frei zu betrachten wären und daher von jedermann benutzt werden dürfen.

This document is protected by copyright law.
No part of this document may be reproduced in any form by any means without prior written authorization of the publisher.

alle Rechte vorbehalten | all rights reserved
© **mensch und buch verlag** 2009    choriner str. 85 - 10119 berlin
verlag@menschundbuch.de – www.menschundbuch.de

Meiner Familie

# INHALT

I. EINLEITUNG .................................................................................................. 1

II. SCHRIFTTUM ................................................................................................ 2

   1. ENERGIEBEWERTUNG ................................................................................. 2

      *1.1 Bruttoenergie (GE = gross energy)* ........................................................ 2

      *1.2 Verdauliche Energie (DE = digestible energy)* ...................................... 2

      *1.3 Umsetzbare Energie (ME = metabolizable energy)* .............................. 4

      *1.4 Nettoenergie (NE = net energy)* ............................................................ 5

   2. ENERGIEBEDARF ........................................................................................ 7

      *2.1 Erhaltungsbedarf* .................................................................................. 7

      *2.2 Zusätzlicher Energiebedarf für die Bewegung (Leistungsbedarf)* ......... 9

   3. BERECHNUNG DES ENERGIEBEDARFS ANHAND DER HERZFREQUENZ ARBEITENDER PFERDE ........... 13

      *3.1 Sauerstoffverbrauch während der Arbeit* ............................................ 13

      *3.2 Schätzung des Energiebedarfs über die Herzfrequenz* ...................... 14

   4. BODY CONDITION SCORES ....................................................................... 16

      *4.1 Definition* ............................................................................................. 16

      *4.2 Body Condition Scoring Systeme beim Pferd* .................................... 16

      *4.3 Body Condition Scores im Hinblick auf Leistungsmerkmale* .............. 17

   5. ERMITTLUNG DER KÖRPERMASSE ............................................................. 17

      *5.1 Körpermasse bei Pferden* .................................................................. 17

      *5.2 Abschätzung der Körpermasse* .......................................................... 18

III. MATERIAL UND METHODEN ................................................................... 20

   1. VERSUCHSAUFBAU ................................................................................... 20

      *1.1 Versuchsziel* ....................................................................................... 20

      *1.2 Versuchsplan* ..................................................................................... 20

      *1.3 Auswahl der Pferde und Ponys* .......................................................... 20

   2. ERFASSUNG DER TÄGLICHEN ARBEITSLEISTUNG ....................................... 21

   3. BODY CONDITION SCORE ......................................................................... 21

   4. BESTIMMUNG DER KÖRPERMASSE DER PFERDE UND PONYS ................... 22

   5. PULSFREQUENZ ....................................................................................... 24

      *5.1 Anlegen des Pulsmessers am Pferdekörper* ...................................... 24

      *5.2 Pulsfrequenzmessung* ....................................................................... 24

   6. ENERGIEAUFNAHME ................................................................................. 25

      *6.1 Erfassung der Tagesrationen* ............................................................. 25

      *6.2 Berechnung des Energiegehalts von Kraftfutter* ................................ 26

      *6.3 Schätzung des Energiegehalts von Heu* ........................................... 26

# INHALT

7. BERECHNUNG DES TÄGLICHEN ENERGIEBEDARFES ........................................................... 27

    7.1   Berechnung des Energiebedarfs für den Erhaltungsstoffwechsel ........................... 27

    7.2   Berechnung des Leistungsbedarfs für Bewegung ................................................. 27

    7.3   Einteilung in Arbeitsklassen .................................................................................. 28

    7.4   Statistische Methoden ........................................................................................... 28

## IV. ERGEBNISSE ........................................................................................................ 29

1. GESUNDHEITSZUSTAND DER PFERDE .......................................................................... 29

2. BODY CONDITION SCORING ......................................................................................... 29

3. KÖRPERMASSE ........................................................................................................... 29

4. TYPISIERUNG DER RATION ........................................................................................... 30

    4.1   Rationsgestaltung ................................................................................................. 30

    4.2   Täglich aufgenommene Menge an Grund- und Kraftfutter .................................... 31

    4.3   Tägliche Proteinaufnahme .................................................................................... 31

5. ARBEIT ....................................................................................................................... 32

6. PULSFREQUENZ .......................................................................................................... 33

    6.1   Pulsfrequenz beim Aufsatteln (P1) ....................................................................... 33

    6.2   Pulsfrequenz beim unmittelbaren Beginn der Arbeit (P2) ..................................... 34

    6.3   Pulsfrequenz in der Lösungsphase (P3) ............................................................... 34

    6.4   Pulsfrequenz in der Arbeitsphase (P4) ................................................................. 35

    6.5   Pulsfrequenz beim Trockenreiten (P5) ................................................................. 36

7. ENERGIEBEDARF IN ME ............................................................................................... 36

    7.1   Erhaltungsbedarf in ME ........................................................................................ 36

    7.2   Leistungsbedarf berechnet anhand der Arbeitsdauer .......................................... 37

    7.3   Leistungsbedarf berechnet anhand der Pulswerte ............................................... 38

    7.4   Berechneter Energiebedarf in ME anhand der Arbeitsdauer ............................... 39

    7.5   Berechneter Energiebedarf in ME anhand der Pulswerte .................................... 39

8. ENERGIEAUFNAHME IN ME .......................................................................................... 39

## V. DISKUSSION ......................................................................................................... 40

1. KRITIK DER METHODEN ............................................................................................... 40

    1.1   Bestimmung der Futtermengen ............................................................................ 40

    1.2   Energiebewertung der Futtermittel ....................................................................... 40

    1.3   Arbeit ..................................................................................................................... 41

    1.4   Puls ....................................................................................................................... 41

    1.5   Erhaltungsbedarf .................................................................................................. 41

2. VERGLEICH DES LEISTUNGSBEDARFS ANHAND DER ARBEITSDAUER UND PULSWERTE ..... 42

3. VERGLEICH ZWISCHEN ENERGIEBEDARF UND ENERGIEAUFNAHME IN ME ...................... 44

4. VERGLEICH DES ME-SYSTEMS MIT DEM DE-SYSTEM .................................................. 46

# INHALT

| | | |
|---|---|---|
| 5. | SCHLUSSFOLGERUNGEN | 49 |
| VI. | ZUSAMMENFASSUNG | 50 |
| VII. | SUMMARY | 52 |
| VIII. | ZITIERTE LITERATUR | 54 |
| IX. | ANHANG | 62 |
| X. | DANKSAGUNG | 74 |
| XI. | SELBSTSTÄNDIGKEITSERKLÄRUNG | 75 |

# ABBILDUNGEN

## ABBILDUNGEN

Abbildung 1: Darstellung der verschiedenen Energiestufen

Abbildung 2: Darstellung der Messbereiche

Abbildung 3: Der prozentuale Anteil der BCS Gruppen

Abbildung 4: Der prozentuale Anteil der Gangarten an der täglichen Bewegung

Abbildung 5: Einteilung in die Arbeitsklassen „leichte", „mittlere" und „schwere Arbeit" anhand der Arbeitsdauer

Abbildung 6: Einteilung in die Arbeitsklassen „leichte", „mittlere" und „schwere Arbeit" anhand der Pulswerte

Abbildung 7: Vergleich zwischen dem anhand der Arbeitsdauer und anhand der Pulswerte nach COENEN (2005) ermittelten Leistungsbedarf

Abbildung 8: Vergleich zwischen dem anhand der Arbeitsdauer und anhand der Pulswerte nach EATON et al. (1995) und COENEN (2005) ermittelten Leistungsbedarf

Abbildung 9: Vergleich des Energiebedarfs (ME) anhand der Arbeitsdauer mit der tatsächlichen Energieaufnahme (ME)

Abbildung 10: Vergleich des Energiebedarfs (ME) anhand der Pulswerte nach COENEN (2005) mit der tatsächlichen Energieaufnahme (ME)

Abbildung 11: Vergleich des Energiebedarfs (ME) anhand der Pulswerte nach COENEN (2005) mit dem Energiebedarf (ME) anhand der Arbeitsdauer

# TABELLEN

| | |
|---|---|
| Tabelle 1: | Angaben für den Erhaltungsbedarf in DE |
| Tabelle 2: | Angaben für den Erhaltungsbedarf in ME |
| Tabelle 3: | Zusätzlich zum Erhaltungsbedarf benötigte Energie für Arbeit nach ZUNTZ und HAGEMANN (1898), PAGAN und HINTZ (1986) |
| Tabelle 4: | Körpermasse ausgewachsener Pferde verschiedener Rassen (Durchschnitt von Stuten und Wallachen) (MEYER und COENEN, 2002) |
| Tabelle 5: | Durchschnittliche Körpermasse geschätzt nach KIENZLE und SCHRAMME (2004) und HOIS et al. (2005) |
| Tabelle 6: | Durchschnittlich gefütterte Menge der Grund- und Kraftfutterration in kg/100 kg KM/d |
| Tabelle 7: | Durchschnittliche Rohproteinaufnahme bei verschiedenen Rationen in g/kg $KM^{0,75}$ |
| Tabelle 8: | Durchschnittliche tägliche Arbeitsdauer in min. |
| Tabelle 9: | Pulsfrequenz (P1) beim Aufsatteln |
| Tabelle 10: | Pulsfrequenz (P2) beim unmittelbaren Beginn der Arbeit |
| Tabelle 11: | Pulsfrequenz (P3) in der Lösungsphase |
| Tabelle 12: | Pulsfrequenz (P4) in der Arbeitsphase |
| Tabelle 13: | Pulsfrequenz (P5) beim Trockenreiten |
| Tabelle 14: | Energiebedarf und Energieaufnahme im ME- und DE-System |
| Tabelle 15: | Energiebedarf und Energieaufnahme bei „mittlerer Arbeit" anhand der Arbeitsdauer und Pulswerte |
| Tabelle 16: | Energiebedarf und Energieaufnahme bei „schwerer Arbeit" anhand der Arbeitsdauer und Pulswerte |
| Tabelle 17: | Zusätzlich zum Erhaltungsbedarf benötigte Energie für die Eigenbewegung des Pferdes (MEYER und COENEN, 2002) |
| Tabelle 18: | Körpermaße der Pferde und berechnete Körpermasse |
| Tabelle 19: | Tägliche Futteraufnahme der Pferde |

TABELLEN

Tabelle 20: Energieaufnahme (ME) und Energiebedarf (ME) nach Arbeitsdauer und Pulswerten

Tabelle 21: BCS-Schema nach KIENZLE und SCHRAMME (2004)

## ABKÜRZUNGEN

| | |
|---|---|
| Abb. | Abbildung |
| ADF | Acid detergent fiber (saure Detergentien Faser) |
| ADP | Adenosindiphosphat |
| ATP | Adenosintriphosphat |
| ATPase | Adenosintriphosphatase |
| BCS | Body Condition Score |
| bpm | beats per minute (Schläge pro Minute) |
| Bsp. | Beispiel |
| BU | Brustumfang |
| bzw. | beziehungsweise |
| ca. | circa |
| cm | Zentimeter |
| d | Tag |
| DE | digestible energy (Verdauliche Energie) |
| g | Gramm |
| GE | gross energy (Bruttoenergie) |
| h | Stunde |
| HE | Total heat production (thermische Energie) |
| HF | Herzfrequenz |
| HU | Halsumfang |
| i.d.R. | in der Regel |
| Kap. | Kapitel |
| kcal | Kilokalorie |
| kg | Kilogramm |
| kJ | Kilojoule |
| KL | Körperlänge |
| KM | Körpermasse |
| km | Kilometer |
| KU | Körperumfang |
| m | Meter |
| M. | Musculus |
| Mcal | Megakalorie |
| ME | metabolizable energy (Umsetzbare Energie) |
| MF | Mischfutter |
| min | Minute |

# ABKÜRZUNGEN

| | |
|---|---|
| MJ | Megajoule |
| ml | Milliliter |
| n | Stichprobenumfang |
| NE | net energy (Nettoenergie) |
| NfE | Stickstoff freie Extraktstoffe |
| Nr. | Nummer |
| $O_2$ | Sauerstoff |
| Proc. | Processus |
| $r^2$ | Bestimmtheitsmaß |
| Ra | Rohasche |
| RB | Röhrbein |
| Rfa | Rohfaser |
| Rfe | Rohfett |
| Rp | Rohprotein |
| s. | siehe |
| sec | Sekunde |
| Tab. | Tabelle |
| TS | Trockensubstanz |
| uS | ursprüngliche oder Frischsubstanz |
| $VO_2$ max | maximaler Sauerstoffverbrauch |
| z.B. | zum Beispiel |

# I. EINLEITUNG

Die derzeit angewandten Energiebewertungssysteme für die Pferdefütterung basieren auf der verdaulichen Energie (DE) oder der Nettoenergie (NE). In einer vorangegangenen Studie von ZMIJA et al. (1991) ergaben sich bei Rennpferden erhebliche Diskrepanzen zwischen der tatsächlichen Aufnahme an verdaulicher Energie (DE) und dem berechneten Bedarf. In den eigenen Untersuchungen sollte zunächst geprüft werden, ob dies auch bei Reitpferden der Fall ist. Dazu wurden Daten über die Fütterung und Arbeit von Pferden und Ponys verschiedener Rassen, verschiedenen Alters und Geschlechts und unterschiedlicher Arbeitsbelastung unter Feldbedingungen erhoben. Der Bedarf für Arbeit kann nach NRC (2007) auch mittels Pulsmessungen während der Arbeit ermittelt werden. Daher wurde unter Feldbedingungen überprüft, inwieweit sich Pulsmessungen bei Reitpferden während der Arbeit zur Schätzung ihres Leistungsbedarfs eignen. Da sich derzeit ein neues System zur Bewertung der Energie auf der Stufe der umsetzbaren Energie (ME) in der Entwicklung befindet (KIENZLE und ZEYNER, 2009[1]), wurden die eigenen Daten zur Überprüfung dieses Systems mit herangezogen.

---

[1] Persönliche Mitteilung Kienzle vom 28.01.2009. Zur Publikation unter dem Arbeitstitel „The development of a ME-system for energy evaluation in horses" vorgesehen.

## II. SCHRIFTTUM

### 1. Energiebewertung

#### 1.1 Bruttoenergie (GE = gross energy)

Der Bruttoenergiegehalt eines Futtermittels wird durch Verbrennung im Bombenkalorimeter bestimmt (KAMPHUES et al., 2009) und stellt den Betrag der bei der totalen Verbrennung entstehenden Hitze dar.

Die chemische Zusammensetzung des Futters beeinflusst daher den Bruttoenergiegehalt. Lipide haben einen höheren Bruttoenergiegehalt als Proteine oder Kohlenhydrate. Die Art der Kohlenhydrate hat nur einen minimalen Effekt auf den Bruttoenergiegehalt, da dieser bei nicht strukturierten Kohlenhydraten, wie z.b. Stärke, dem der strukturierten Kohlenhydrate, z.B. Zellulose, ähnelt (NRC, 2007).

Die GE ist für die Tierernährung nicht der geeignete Maßstab, da die Höhe der Verdaulichkeit und die Art der Verdauung sehr unterschiedlich sind (KAMPHUES et al., 2009).

#### 1.2 Verdauliche Energie (DE = digestible energy)

Durch Abzug der Energieverluste über den Kot erhält man die verdauliche Energie. Verluste über die Fäzes sind zum großen Teil von der pflanzenanatomischen und -histologischen Struktur der in den Futtermitteln enthaltenen Gerüstsubstanzen abhängig (KAMPHUES et al., 2009). Hinzu kommen endogene fäkale Verluste über Zellabschilferungen im Gastrointestinaltrakt und Verdauungssekrete. Zwei Faktoren beeinflussen die Summe der DE. Zum einen sind das der GE-Gehalt eines Futtermittels und zum anderen die Verdaulichkeit der einzelnen Komponenten. Da die Verdauungsprozesse einzelner Tiere unterschiedlich sind, variieren somit auch die DE-Werte innerhalb der Tierarten bei ein und demselben Futtermittel.

Faktoren wie individuelle Unterschiede, Arbeit und Aufbereitung des Futtermittels beeinflussen die Verdaulichkeit der Energie (HINTZ et al., 1985; PAGAN et al., 1998). Ferner können einzelne Futterkomponenten sich gegenseitig beeinflussen. KIENZLE et al. (2002) berichteten von einer erhöhten Verdaulichkeit des Raufutters, wenn man einer qualitativ schlechten Raufutterration (Bsp. Stroh) Kraftfutter beimischt. Dies liegt vermutlich an der Zufuhr von gärfähigen Kohlenhydraten, die im Caecum die mikrobielle Aktivität steigern und somit auch die der Zellulose spaltenden Mikroorganismen (KIENZLE et al., 2002).

MARTIN-ROSSET (2000) war der Meinung, dass das Verhältnis von Raufutter zu Kraftfutter die Verdaulichkeit der organischen Substanz bei Pferden nicht beeinflusst. JANSEN et al. (2000, 2002) berichteten von einer reduzierten Verdaulichkeit der Rohfaser nach Fettbeimischung in Futterrationen. In anderen Studien konnte dieser Effekt nicht festgestellt werden (RICH et al., 1981; BUSH et al., 2001). Die Verdaulichkeit der Energie eines Futtermittels kann im Tierversuch ermittelt werden. Da die regelmäßige Durchführung von Verdauungsversuchen zur Energiebestimmung nicht praktikabel ist, wurden verschiedene Schätzformeln entwickelt.

FONNESBECK (1981) verarbeitete Daten aus 108 Fütterungsversuchen mit Pferden und leitete daraus folgende Gleichungen zur Abschätzung der DE ab. Dabei steht ADF für die saure Detergentien Faser. Zu dieser Fraktion der Rohfaser zählen die im Futter enthaltene Zellulose und Lignin. Rp bezeichnet das im Futter enthaltene Rohprotein.

Grundfutter, z.B. Raufutter, Weidegras:

$$DE\ (Mcal/kg) = 4{,}22 - 0{,}11 \times (\%\ ADF) + 0{,}332 \times (\%\ Rp) + 0{,}00112 \times (\%\ ADF)$$

Kraftfutter, Proteinträger:

$$DE\ (Mcal/kg) = 4{,}07 - 0{,}055 \times (\%\ ADF)$$

Allerdings fehlen bei FONNESBECK (1981) die Detailangaben zur Methodik.

PAGAN et al. (1998) berichteten, dass die DE mit nachfolgender Gleichung geschätzt werden kann:

$$DE\ (kcal/kg\ TS) = 2{,}118 + 12{,}18 \times (\%\ Rp) - 9{,}37 \times (\%\ ADF) - 3{,}83 \times (\%\ Hemizellulose) + 47{,}18 \times (\%\ Fett) + 20{,}35 \times (\%\ nicht\ strukturierte\ Kohlenhydrate) - 26{,}3 \times (\%\ Asche)$$

$r^2 = 0{,}88$

PAGAN et al. (1998) stellten fest, dass keine der genannten Gleichungen den DE–Gehalt bei faser- oder fettreichen Futtermitteln zuverlässig angibt. Für jedes Prozent Fett, das den Fettgehalt von 5 % übersteigt, kann der DE-Bedarf durch eine Erhöhung von 0,044 Mcal pro kg Futter bereinigt werden.

ZEYNER und KIENZLE (2002) entwickelten aus 170 Daten von Fütterungsversuchen folgende Gleichung zur Abschätzung der DE:

$$DE\ (MJ/kg\ TS) = -3{,}6 + 0{,}211 \times (\%\ Rp) + 0{,}421 \times (\%\ Rfe) + 0{,}015 \times (\%\ Rfa) + 0{,}189 \times (\%\ NFE)$$

(Nährstoffangaben in % TS)

Modifiziert nach dem AUSSCHUß FÜR BEDARFSNORMEN DER GESELLSCHAFT FÜR ERNÄHRUNGSPHYSIOLOGIE (2003) ergab sich daraus die Gleichung:

DE (MJ/kg TS) = - 3,54 + 0,0209 x Rp + 0,042 x Rfe + 0,0001 x Rfa + 0,0185 x NfE

(Rp = Rohprotein; Rfe = Rohfett; Rfa = Rohfaser; NfE = N – freie Extraktstoffe)

ZEYNER und KIENZLE (2002) limitierten den Geltungsbereich ihrer Gleichung auf Rationen mit maximal 35 % Rohfaser und 8 % Rohfett in der Trockensubstanz. Andernfalls kann es in Folge unphysiologischer Verdauungsprozesse zu Fehleinschätzungen kommen. Einzelfuttermittel, die mehr als 35 % Rohfaser und mehr als 8 % Rohfett enthalten und in einer Ration eingesetzt werden, in welcher die oben genannten Limitierungen eingehalten werden, können mit der Gleichung jedoch geschätzt werden.

Die Energiebewertung der Futtermittel für Pferde erfolgt im deutsch- und englischsprachigen Raum i.d.R. auf der Stufe der DE (KAMPHUES et al., 2009; NRC, 2007). HARRIS (1997) postuliert, dass der Energiegehalt von Raufutter bei der DE-Bewertung überschätzt wird, da höhere Fermentationsverluste unberücksichtigt bleiben.

## 1.3 Umsetzbare Energie (ME = metabolizable energy)

Von der DE geht dem Organismus ein weiterer Teil durch energiehaltige Ausscheidungen mit dem Harn (KAMPHUES et al., 2009) und durch Gärgase (NRC, 2007) verloren. Wird die DE um diesen Anteil vermindert, spricht man von der umsetzbaren Energie.

VERMOREL et al. (1991) berichteten von einer Umsetzbarkeit von 90 % bei einer gemischten Ration und 87 % bei reiner Heufütterung. Die Umsetzbarkeit bei hauptsächlicher Haferfütterung liegt bei über 90 % (KANE et al., 1979; JACKSON und BAKER, 1983).

Die Energieverluste über den Harn spielen für die Energiebewertung auf Stufe der ME eine wichtige Rolle. Würde der verdaute Stickstoff ausschließlich als Harnstoff ausgeschieden, so ergäbe sich ein renaler Energieverlust von etwa 3,8 kJ/g verdaulichem Rohprotein. Bei der strikt carnivoren Katze ist dies auch tatsächlich der Fall, es wurden Energieverluste in ähnlicher Höhe gefunden (HASHIMOTO et al., 1995). Bei omnivoren Menschen und Ratten, sowie dem carni-omnivoren Hund wird ein Wert von 5,2 kJ/g verdaulichem Rohprotein als Verlust unterstellt (RUBNER, 1901; ATWATER, 1902; NRC, 2007a). Besonders hoch sind renale Energieverluste bei Laubfressern, da hier sehr viele phenolische Komponenten über den Harn entgiftet werden müssen (FOLEY et al., 1995). KIENZLE et al. (2009) zeigten, dass beim Pferd bei heureichen Rationen größere Energieverluste pro g verdaulichem Rohprotein auftreten als bei haferreichen. Allerdings war die Verdaulichkeit des Rohproteins im Heu niedriger als im Hafer, so dass am Ende ein relativ konstanter Wert pro g Rohprotein resultiert.

Im Mittel betragen die renalen Energieverluste beim Pferd 8 kJ/g Protein (KIENZLE et al., 2009).

Gärgasverluste sind beim Pferd niedriger als beim Wiederkäuer. Sie stehen in enger Beziehung zum Rohfasergehalt der Ration (KIENZLE und ZEYNER, 2009[2]). Im Mittel gehen 2 kJ/g Rohfaser als Methanenergie verloren.

KIENZLE und ZEYNER (2009[2]) schlagen vor, von Gleichungen zur DE-Schätzung 0,008 MJ/g Protein und 0,002 MJ/g Rohfaser abzuziehen, um zur ME zu gelangen.

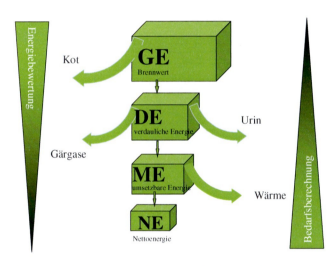

Abb. 1: Darstellung der verschiedenen Energiestufen nach NRC (2007a)

## 1.4 Nettoenergie (NE = net energy)

Die ME ist der Ausgangspunkt für NE–Bewertungssysteme (FERRELL, 1988). Bei der Umwandlung der ME im Erhaltungsstoffwechsel bzw. in eine bestimmte Leistung wird nicht nutzbare thermische Energie freigesetzt, die sowohl von der Tierart als auch von der Art der Leistung (Protein- oder Fettsynthese) abhängt und auch die Fermentationswärme beinhaltet.

---

[2] Persönliche Mitteilung Kienzle vom 28.01.2009. Zur Publikation unter dem Arbeitstitel „The development of a ME-system for energy evaluation in horses" vorgesehen.

Es gibt folglich nicht *die* NE, sondern nur eine NE für Erhaltung, Fettbildung (Bsp. Gewichtszunahme), Gewebebildung (Bsp. Trächtigkeit) oder Bildung von Sekreten (Bsp. Laktation). Die thermische Energie bezeichnet als *Total heat production* (HE) den Energieverlust an die Umwelt. Dabei kann die HE in verschiedene Komponenten unterteilt werden: Hitzeenergieverlust in Verbindung mit dem Grundumsatz, der spontanen Aktivität, der Thermoregulation, der Syntheseleistung, der Verdauung und Absorption, der Exkretion und der Fermentation.

Da einzelne Energieverluste gemessen werden können, besteht die Möglichkeit, mit NE-Bewertungssystemen den wahren Energiebedarf eines Tieres relativ genau zu benennen. Allerdings wird für die Energiebewertung über NE-Systeme mehr Information benötigt und sie sind deutlich komplizierter als DE-Systeme. Die oben genannten Verluste stellen keinen einheitlichen Anteil der ME bei Futtermitteln dar. So kann der Energieverlust für die Nahrungsaufnahme und das Kauen variieren (NRC, 2007). Der Energieverlust bei der Nahrungsaufnahme von unterschiedlichen Futtern reicht von 1 bis 28% der ME (VERMOREL et al., 1997b). Außerdem beeinflusst die chemische Zusammensetzung der energiereichen Komponenten der ME das Ausmaß der verschiedenen Verluste einzelner Futtermittel. Die Fermentationswärme ist bei Futtermitteln, die durch mikrobielle Fermentation verdaut werden, höher, als bei Futtermitteln, die durch enzymatische Verdauung gespalten werden. Deswegen hängt der NE-Wert einer stärkereichen Futterration davon ab, ob die Stärke im Dünndarm verdaut und absorbiert wird, oder ob sie fermentiert und zu flüchtigen Fettsäuren abgebaut wird. Der NE-Wert variiert auch mit seiner endgültigen Verwendung im Körper (Erhaltung, Arbeit, Laktation) (NRC, 2007). So gibt es z.B. im In den USA verwendeten NE-System für Rinder für ein einzelnes Futtermittel bis zu vier verschiedene NE-Werte (NRC, 2001). Ein NE-Wert für jedes Futtermittel für jede spezielle Funktion ist eine der Anforderungen an ein brauchbares NE-System (NRC, 1981).

Weltweit wurden NE-Systeme für Rinder (NRC 2000, 2001; KAMPHUES et al., 2009) entwickelt, für Pferde wurde weiterhin das DE-System benutzt (NRC, 1989). Die Erarbeitung eines NE-Systems für Pferde begann in den Achtziger Jahren in Frankreich (MARTIN-ROSSET et al., 1984). KRONFELD (1996) erachtete ebenfalls die Entwicklung einer NE, die sich vorzugsweise mit dem arbeitenden Pferd beschäftigt, als notwendig.

Obwohl beide NE-Systeme für Pferde einige gemeinsame Eigenschaften haben, wies HARRIS (1997) daraufhin, dass sie unterschiedliche Vermutungen über die Effizienz der ME Nutzbarkeit verschiedener Energieträger während der Arbeit anstellten. Hinzu kommt, dass das von KRONFELD (1996) vorgeschlagene System nicht alle physiologischen Klassen von Pferden umfasst oder NE-Werte für Pferderationen definiert (NRC, 2007).

Zurzeit ist das französische NE–System das am weitesten entwickelte für Pferde (NRC, 2007). Französische Rationsnormen für Pferde gründen sich auf eine *Unite Fourragere Cheval* (UFC; eine Pferdefütterungseinheit) (MARTIN-ROSSET et al., 1994; VERMOREL und MARTIN-ROSSET, 1997; MARTIN-ROSSET, 2000; MARTIN-ROSSET und VERMOREL, 2004).

Das UFC-System bezieht den NE–Bedarf und die NE-Werte für Futtermittel auf eine Standardeinheit, die dem NE–Wert für 1 kg Gerste entspricht (1 UFC = NE von 1 kg Gerste). Das UFC-System wendet Hypothesen über die DE und die Verdaulichkeit von Futtermitteln, über die Umsetzbarkeit der DE in ME (bezogen auf Pferde), über die erwarteten Energieverhältnisse, die aus absorbierten Nährstoffen stammen, und über die Schätzungen der ME-Verwertung dieser Nährstoffe an (MARTIN-ROSSET et al., 1994; VERMOREL und MARTIN-ROSSET, 1997; NRC, 2007).

In diesem System wird die Umsetzbarkeit der ME zur NE auf 85 % für Glucose, 80 % für langkettige Fettsäuren, 70 % für Aminosäuren und 63 bis 68 % für flüchtige Fettsäuren geschätzt (NRC, 2007). Das französische System berücksichtigt ebenfalls die Energieverluste bei der Nahrungsaufnahme (MARTIN-ROSSET, 2000).

Die im französischen System als Standardfutter eingesetzte Gerste muss in anderen Ländern nicht zwingend als Standardfutter akzeptiert werden. Ferner unterscheidet das französische System nicht zwischen der Effizienz der Energienutzbarkeit zu verschiedenen Zwecken. Dies kann bei Pferden, die schwere Arbeit leisten, oder sich im Wachstum befinden, zu Fehleinschätzungen führen (NRC, 2007).

NE–Systeme stellen eine bessere theoretische Basis für die Übereinstimmung von Energiegehalt von Futtermitteln und Energiebedarf der Tiere in Aussicht, doch fehlen Informationen über NE–Werte für alle Futtermittel bei allen Pferdeklassen (NRC, 2007).

## 2. Energiebedarf

### 2.1 Erhaltungsbedarf

Zusätzlich zum Grundumsatz wird Energie für die Nahrungsaufnahme und –verdauung, die Thermoregulation und für spontane Bewegungen benötigt. Der Energiebedarf für den Erhaltungsstoffwechsel wird auf Basis der metabolischen Körpermasse (kg $KM^{0,75}$) ausgedrückt. Hierbei wird der Zusammenhang zwischen Körpermasse und Körperoberfläche bei Tieren unterschiedlichster Größen miteinbezogen (NRC, 2007). Angaben für den Erhaltungsbedarf finden sich in der Literatur auf unterschiedlichen Energiestufen und reichen von DE bis NE. Diese sind in den Tabellen 1 und 2 dargestellt.

Tab. 1: Angaben für den Erhaltungsbedarf in DE

| Quelle | Energiebedarf in MJ DE/kg KM$^{0,75}$ | Rasse | Methode |
|---|---|---|---|
| WOODEN et al. (1970) | 0,6 | Warmblut | Energiebilanzen, Extrapolation auf konstante Energie im Körper, Kalorimetrie |
| STILLIONS und NELSON (1972) | 0,65 | Quarter Horse | Fütterung bei Gewichtskonstanz |
| BARTH et al. (1977) | 0,62 | Shetland Pony | Fütterung bei Gewichtskonstanz |
| ANDERSON et al. (1983) | 0,67 | Quarter Horse | Fütterung bei Gewichtskonstanz |

Tab. 2 : Angaben für den Erhaltungsbedarf in ME

| Quelle | Energiebedarf in MJ ME/kg KM$^{0,75}$ | Rasse | Methode |
|---|---|---|---|
| ZUNTZ und HAGEMANN (1898) | 0,52 | Schweres Warmblut, Arbeitspferde | Kalorimetrie |
| HOFFMANN et al. (1967) | 0,46 | Schweres Warmblut | Kalorimetrie |
| WOODEN et al. (1970) | 0,52 | Warmblut | Energiebilanzen, Extrapolation auf konstante Energie im Körper, Kalorimetrie |
| VERMOREL et al. (1997a,b) | 0,52 | Warmblut | Kalorimetrie |
| VERMOREL et al. (1997a,b) | 0,4 | Pony | Kalorimetrie |

WOODEN et al. (1970) gaben den Erhaltungsbedarf ausserdem als NE mit einem Wert von 0,39 MJ NE/kg KM$^{0,75}$ an.

Diese Angaben gelten nur in der so genannten thermoneutralen Zone, in der kein zusätzlicher Energiebedarf für die Regulierung des Wärmehaushalts erforderlich ist (NRC, 1981). Dabei ist die thermoneutrale Zone für Pferde abhängig von Alter, Body Condition, Rasse, Jahreszeit, Anpassung und Klima. Die Temperatur, an die das Pferd gewöhnt ist, bestimmt seine thermoneutrale Zone mit (NRC, 2007). So liegt diese bei Pferden, die an eine mittlere Außentemperatur von 10° C gewöhnt sind, zwischen 5° und 25°C (MORGAN et al., 1997; MORGAN, 1998). Pferde, die im Winter draußen gehalten wurden, tolerierten Temperaturen zwischen − 15° und + 10°C (McBRIDE et al., 1985).

MARTIN-ROSSET und VERMOREL (1991) sprechen von einer thermoneutralen Zone zwischen − 10°C und + 15°C. Der Erhaltungsbedarf im Sommer liegt im Durchschnitt 9 % über dem Erhaltungsbedarf im Winter, da die Thermoregulation bei hohen Temperaturen ebenfalls Energie benötigt.

ZUNTZ und HAGEMANN (1898) dagegen ermittelten in Versuchen einen 6,6 % höheren Energieumsatz im Winter im Vergleich zum Sommer und machten dafür zum einen die niedrigen Wintertemperaturen und zum anderen die Mehraufnahme von Heu, die die Verdauungsarbeit steigert, verantwortlich.

Die DE-Aufnahme sollte um 2,5% pro 1° C unter dem niedrigsten Punkt der thermoneutralen Zone erhöht werden (McBRIDE et al., 1985).

WEBB et al. (1990) verglichen den Erhaltungsbedarf von Pferden mit einem BCS von 7,5 und einem BCS von 5,2 bei verschiedenen Außentemperaturen. Übergewichtige Pferde hatten bei höheren Außentemperaturen, wenn sie gearbeitet wurden, einen Mehrbedarf von 0,05 MJ/kg KM am Tag im Vergleich zu den normalgewichtigen Pferden. Vermutlich haben adipöse Pferde einen höheren Energiebedarf für die Thermoregulation.

## 2.2 Zusätzlicher Energiebedarf für die Bewegung (Leistungsbedarf)

Zusätzlich zum Erhaltungsbedarf wird bei Bewegung aufgrund der Muskelarbeit weitere Energie benötigt. Als Substrate dienen dafür hauptsächlich Kohlenhydrate, z.B. Glucose und Muskelglycogen, oder Fette, z.B. Fettsäuren und Triglyceride, die in Form von Adenosintriphosphat (ATP) von der Muskelzelle zur Energiegewinnung genutzt werden (MARLIN und NANKERVIS, 2002).

Durch Muskelkontraktionen wird chemische Energie unter Wärmeproduktion in mechanische Arbeit umgesetzt (McMIKEN ,1983; MARLIN und NANKERVIS, 2002). Von 1000 kJ an ME, die zusätzlich zum Erhaltungsbedarf aufgenommen werden, werden 590 kJ vom Körper aufgenommen und 410 kJ als Hitze abgegeben (PAGAN und HINTZ, 1986a). Dies entspricht einer Verwertung der umsetzbaren Energie von ca. 30 %.

Bei der Muskelkontraktion wird ATP mit Hilfe der Adenosintriphosphatase (ATPase) in Adenosindiphosphat (ADP) und Phosphat gespalten. Für jedes gespaltene Mol ATP werden 1,8 kJ an Energie frei. Da im Muskel selbst nur wenig ATP zur Verfügung steht, wird dieses während der Arbeit schnell aufgebraucht. Um die Muskelarbeit aufrecht zu halten, muss ATP durch Phosphorylierung von ADP konstant regeneriert werden. Für die wichtigen biochemischen Prozesse der Phosphorylierung von ADP ist die Aufnahme von Energieträgern aus der Nahrung nötig, da diese Prozesse Energie verbrauchen.

Die Energiegewinnung im Muskel kann aerob über oxidative Phosphorylierung oder anaerob erfolgen. Soll z.B. bei Beschleunigung im Galopp oder beim Springen Energie bereitgestellt werden, geschieht dies durch die anaerobe Spaltung von Glycogen in Laktat. Dies erfolgt zwar sehr schnell, ist aber ineffizient, da dabei die Muskelglycogenspeicher geleert werden, die Muskeln durch Laktatbildung übersäuern und somit eine schnelle Ermüdung eintritt (MARLIN und NANKERVIS, 2002).

In einer Studie mit fünf Ponyhengsten bestimmten BARTH et al. (1977) die DE sowohl für den Erhaltungs- als auch für den Leistungsbedarf. Für den Leistungsbedarf bei 4 bis 5 Stunden Zugarbeit wurden 0,26 MJ DE/kg $KM^{0,75}$ veranschlagt.

HOFFMANN et al. (1967) bestimmten unter standardisierten Bedingungen den Energieaufwand für die Bewegung bei zwei schweren Warmblütern. Dabei wurde die Weglänge in der Horizontalen unterschiedlich gewählt, die Gehgeschwindigkeit der Tiere wurde nicht verändert und betrug 1,32 m/sec. Der Energieaufwand für Bewegung wird gekennzeichnet durch den Anstieg der Wärmeproduktion gegenüber Ruhe bei gleichem Fütterungsniveau. Die Energieabgabe lag im Mittel bei 0,77 kJ je m Wegstrecke bzw. bei 0,001 kJ je m Weg pro kg Körpermasse.

ZUNTZ und HAGEMANN (1898) ermittelten für ein 500 kg schweres Pferd bei 20 kg Geschirrbelastung und bei einer Gehgeschwindigkeit von 1,5 m/sec 0,79 kJ je m. Dabei ist die Energieabgabe bei Bewegung von der Geschwindigkeit des sich bewegenden Tieres abhängig. Für eine Gehgeschwindigkeit von 1,11m/sec lag die Energieabgabe bei 0,62 kJ je m.

Bei täglicher Galoppade von 3 min mit einer Geschwindigkeit von 8,9 m/sec zusätzlich zu einer 30-minütigen Trabarbeit werden zur Konstanthaltung des Körpergewichts nach JACKSON und BAKER (1983) 0,97 MJ DE /kg $KM^{0,75}$/d bzw. 0,91 MJ ME/kg $KM^{0,75}$/d Gesamtbedarf benötigt

ANDERSON et al. (1983) ließen vier Quarter Horses auf einem Laufband mit einem Steigungswinkel von neun Grad bei einer Geschwindigkeit von 155 m/min und einer Herzfrequenz von 135 Schlägen pro Minute (bpm) arbeiten. Dabei wurden die Pferde vier verschiedenen Arbeitsintensitäten unterzogen [ 1) keine Arbeit, 2) jeden 2. Tag 20 min auf dem Laufband, 3) täglich 20 min auf dem Laufband und 4) 2x täglich 20 min auf dem Laufband].

Hierbei ergab sich ein Mehrbedarf von 82,79 MJ bis 118,13 MJ täglich. In Abhängigkeit von der täglich geleisteten Arbeit wurde die DE nach folgender Gleichung berechnet:

DE (Mcal/d)= 5,97 + 0,021 (KM) + 5,036 X – 0,48 $X^2$

Dabei bezeichnet X die Arbeit in kg x km/1000 und KM die Körpermasse in kg.

Diese Gleichung eignet sich am besten für Pferde, die intensive Arbeit leisten (NRC, 1989).

Für Pferde unter dem Reiter gilt nach ZUNTZ und HAGEMANN (1898) sowie nach PAGAN und HINTZ (1986b), dass das Gewicht von Pferd und Reiter als bewegte Masse eingesetzt werden muss, d.h. ein unbelastetes 500 kg schweres Pferd benötigt genauso viel Energie für dieselbe Arbeit wie ein 450 kg schweres mit einem Reiter, der 50 kg wiegt. ZUNTZ und HAGEMANN (1898) quantifizierten als erste die Arbeit im Schritt und Trab. Sie errechneten die Arbeit als Sauerstoffaufnahme, und damit in Form von ME. So ergaben sich für einen langsamen Schritt im Mittel 8,8 kJ ME/kg KM/h zusätzlich zum Erhaltungsbedarf. Für einen langsamen Trab errechnen sich im Mittel 27 kJ ME/kg KM/h.

PAGAN und HINTZ (1986b) berechneten eine Gleichung für den Energieumsatz arbeitender Pferde, wobei Y= energy expenditure = ME (cal x $kg^{-1}$ x $min^{-1}$) und X die Geschwindigkeit (m/min) bezeichnet:

$Y = e^{3,02+0,0065X}$

Für eine Schrittgeschwindigkeit, wie von ZUNTZ und HAGEMANN (1898) angegeben, errechnen sich nahezu identische Werte wie bei diesen Autoren von 9 kJ ME/kg KM/h. Auch für den Trab lassen sich aus beiden Untersuchungen ähnliche Werte ableiten, z.B. von 27 kJ ME/kg KM/h. Für ein höheres Trabtempo ergeben sich dann Werte bis zu 50 kJ ME/kg KM/h und für den Galopp je nach Tempo zwischen 70 und 150 kJ ME/kg KM/h (Tab. 3). MEYER und COENEN (2002) geben unter Berufung auf die oben genannten Veröffentlichungen nahezu gleiche Werte an, allerdings nicht in ME, sondern in DE. PAGAN und HINTZ (1986b) geben eine Gleichung zur Berechnung des Gesamtenergiebedarfes arbeitender Pferde an, in welcher ihre Daten in DE umgerechnet werden, die Gleichung für den zusätzlichen Bedarf bezieht sich jedoch auf die „energy expenditure" und ist daher als ME zu verstehen.

HINTZ et al. (1971) bestimmten durch eine Studie mit neun Polopferden und sieben Schulpferden Faktoren für den Energiemehrbedarf bei unterschiedlicher Aktivität. Daraus ergaben sich die Faktoren 0,5 kcal/DE/h/KM für Schrittarbeit, 5,1 kcal/DE/h/KM für leichte Arbeit, 12,5 kcal/DE/h/KM für mittlere Arbeit, 24,1 kcal/DE/h/KM für schwere Arbeit und 39,0 kcal/DE/h/KM für höchste Beanspruchung.

Tab. 3: Zusätzlich zum Erhaltungsbedarf benötige Energie für Arbeit nach ZUNTZ und HAGEMANN (1898), PAGAN und HINTZ (1986)

| Gangart | Zusätzlicher Bedarf kJ ME je kg KM pro Stunde |
|---|---|
| Schritt | 10 |
| Trab | 25 |
| Mitteltrab | 50 |
| Galopp | 100 |
| Mittelgalopp | 150 |

### 2.2.1 Einteilung in Arbeitsklassen anhand des Leistungsbedarfs

Bei einem zusätzlichen Bedarf zum Erhaltungsstoffwechsel bis 25 % des Erhaltungsbedarfs spricht man von „leichter Arbeit". Ein zusätzlicher Bedarf von 25 bis 50 % wird als „mittlere Arbeit" definiert und ein Bedarf von 50 bis 100 % der Erhaltung zusätzlich wird als „schwere Arbeit" bezeichnet (KAMPHUES et al., 2009; NRC, 1989). Diese Einteilung bezieht sich auf eine Energiebewertung im DE-System.

## 3. Berechnung des Energiebedarfs anhand der Herzfrequenz arbeitender Pferde

Damit mit Hilfe der Herzfrequenz die Arbeitsintensität beurteilt werden kann, ist es wichtig, diese während der Arbeit zu messen und nicht danach oder in einer Pause. Die Herzfrequenz sinkt innerhalb weniger Sekunden nach der Arbeit rapide ab und Messungen nach getaner Arbeit sind kein guter Indikator für die Arbeitsintensität (NRC, 2007).

In verschiedenen Studien wurden Herzfrequenzen bei Pferden ermittelt. LINDHOLM (1975) spricht von einer maximalen Herzfrequenz zwischen 220 und 240 bpm bei Großpferden. Pferde, die in der Westerndisziplin Cutting geritten wurden, erreichten bis zu 200 bpm (WEBB et al., 1987). Springpferde im großen Turniersport können am Ende des Parcours Werte bis 200 bpm erreichen (CLAYTON, 1994). RIDGWAY (1994) war der Meinung, dass untrainierte Pferde im Arbeitstrab (bei einer Geschwindigkeit von 160 bis 210 m/min) Herzfrequenzen von 120 bis 150 bpm haben würden, während trainierte Pferde bei Verrichtung der selben Arbeit im Bereich von 70 bis 110 bpm liegen würden. Trainierte Vollblüter erreichten auf dem Laufband bei einer Geschwindigkeit von 6 und 8,5 m/s Herzfrequenzen zwischen 115 und 145 bpm (DANIELSEN et al., 1995). Die Herzfrequenzen von Trabrennpferden auf einer Sandbahn lagen bei etwa 180 und 190 bpm bei einer Geschwindigkeit von 490 und 560 m/min (COUROUCÈ et al., 1999). Trainierte Araberpferde, die bei einer Geschwindigkeit von 3,6 m/s auf dem Laufband trabten, hatten Herzfrequenzen zwischen 90 und 105 bpm (BULLIMORE et al., 2000). Ältere untrainierte Stuten wiesen Herzfrequenzen zwischen 120 und 140 bpm bei freiem Traben in einem Longierzirkel auf (POWELL et al., 2002). Die Höchstwerte von Turnierpferden, die bei einer Geschwindigkeit von 450 bis 500 m/min trainiert wurden, lagen zwischen 126 und 151 bpm, während die Herzfrequenzen bei gemächlichem Galopp (Geschwindigkeit 350 bis 400 m/min) zwischen 127 und 141 bpm betrugen. Die mittlere Herzfrequenz während des Trainings betrug 138 bpm, während die mittlere Herzfrequenz nach einem Wettkampf bei 195 bpm lag. Der Spitzenwert von 205 bpm wurde von einem Pferd beim bergauf galoppieren erreicht (SERRANO et al., 2002). Pferde, die beim Reining eingesetzt wurden, hatten Herzfrequenzen zwischen 160 und 180 bpm (HOWARD et al., 2003).

### 3.1 Sauerstoffverbrauch während der Arbeit

Der Energieverbrauch während der Arbeit muss bekannt sein, um auf den Energiebedarf schließen zu können. Der Energieverbrauch hängt von Dauer und Intensität der Arbeit ab. Die Arbeitsdauer ist relativ einfach zu messen, aber die Arbeitsintensität ist wesentlich schwieriger zu bestimmen. Faktoren wie Geschwindigkeit, Bodenbeschaffenheit und

Geländesteigung beeinflussen die Intensität. Andere Faktoren kommen bei Turnieren zum Tragen, wie z.b. Anstrengungen durch unterschiedliche Anforderungen beim Spring- und Dressurreiten und das Gewicht, das getragen oder gezogen werden muss.

Der Sauerstoffverbrauch während der Arbeit wird oft als Möglichkeit zur Bestimmung des Energieverbrauchs herangezogen (NRC, 2007). In verschiedenen Studien wurde der Zusammenhang zwischen Sauerstoffverbrauch und der Geschwindigkeit der Pferde untersucht. Der Sauerstoffverbrauch steht bei Bewegung der Pferde auf dem Laufband in linearer Beziehung zur Geschwindigkeit (HIRAGA et al., 1995; EATON, 1994). Allerdings berichteten EATON et al. (1995) von einer nicht linearen Beziehung zwischen diesen beiden Größen bei einer Steigung des Laufbandes von 0 und 2,5%. Dies entsprach den Erkenntnissen von PAGAN und HINTZ (1986b), die ebenfalls von einer nicht linearen Beziehung zwischen Energieverbrauch, gemessen über den Sauerstoffverbrauch, und Geschwindigkeit berichteten (NRC, 2007). Nach COUROUCÉ et al. (1999) lassen sich Ergebnisse auf dem Laufband nicht ohne weiteres auf die Arbeit in der Bahn übertragen. Trabrennpferde zeigten auf dem Laufband eine niedrigere Herzfrequenz als auf der Rennbahn, obwohl die Geschwindigkeit dieselbe war. In einer Studie, in der der Sauerstoffverbrauch von kleinen und mittelgroßen Ponys sowie Vollblütern verglichen wurde, erreichten die Ponys 40, 60, 80 und 100 % des maximalen Sauerstoffverbrauchs bei niedrigeren Geschwindigkeiten als die Vollblüter. Lag der durchschnittliche Sauerstoffverbrauch bei Ponys vor Beginn eines vierwöchigen Trainings bei 90 ml/kg/min, so verzeichnete sich nach der Trainingseinheit ein Anstieg um 11 bis 12 % auf durchschnittlich 100 ml/kg/min. In einer Kontrollgruppe von Vollblütern betrug der Anstieg 9 %. Die maximale Herzfrequenz der Ponys auf dem Höhepunkt der Leistungsfähigkeit lag vor Trainingsbeginn bei 216,8 bpm und nach Trainingsende bei 219,4 bpm. Die $VO_2$ max-Werte liegen bei Pferden üblicherweise bei über 130 ml/kg min$^{-1}$ und steigen schon nach kurzen Trainingsperioden signifikant an (KATZ et al., 2000). HOYT und TAYLOR (1981) zeigten, dass die Gangart des Pferdes bei vorgegebener Geschwindigkeit den Sauerstoffumsatz beeinflusst. Pferde scheinen die Gangart zu wählen, die am wenigsten Energie kostet. Verkürzt oder verlängert man die Schritte, kann sich das auf den Energieverbrauch auswirken (NRC, 2007).

### 3.2 Schätzung des Energiebedarfs über die Herzfrequenz

Da die Herzfrequenz direkt mit dem Sauerstoffverbrauch zusammenhängt (EATON et al., 1995; DOHERTY et al., 1997; COENEN, 2005), kann man bei erhöhter Herzfrequenz auf einen erhöhten Sauerstoffverbrauch schließen und somit auch auf den Energiebedarf

(COENEN, 2005).

Ändert man die von den Pferden getragene Masse, ändert sich auch der Sauerstoffverbrauch (THORNTON et al., 1987). Deswegen sollte bei der Schätzung des Sauerstoffverbrauchs die von den Pferden zu tragende Masse (z.b. der Reiter) miteinbezogen werden, um den Energiebedarf schätzen zu können (NRC, 2007). Zwar korreliert der Sauerstoffverbrauch besser mit der Herzfrequenz ausgedrückt als Prozent der maximalen Herzfrequenz als mit der tatsächlichen Herzfrequenz, aber für einige Reiter ist es schwer, die Arbeit so zu intensivieren, dass die maximale Herzfrequenz erreicht wird. Praktikabler ist es daher, die tatsächliche Herzfrequenz zu benutzen. Mit Pulsmessern für Pferde lässt sich die Herzfrequenz in verschiedenen Arbeitsphasen messen. Die durchschnittliche Herzfrequenz wird zur Schätzung des Energiebedarfs verwendet (NRC, 2007).

EATON et al. (1995) setzten die Herzfrequenz und den Sauerstoffverbrauch mit folgender Gleichung in Bezug, wobei HF die Herzfrequenz bezeichnet:

Sauerstoffverbrauch (ml $O_2$/kg KM/min) = 0,833 x (HF) – 54,7

$r^2$ = 0,865

Diese Gleichung ist zur Schätzung des Energiebedarfs bei hohen Herzfrequenzen geeignet. Allerdings besteht bei hohen Herzfrequenzen die Gefahr, den Energiebedarf, der über den Sauerstoffverbrauch geschätzt wird, zu unterschätzen, weil beim Sauerstoffumsatz die anaerobe Komponente nicht berücksichtigt wird (NRC, 2007).

COENEN (2005) entwickelte aus den Daten von 87 Studien folgende Gleichung:

Sauerstoffverbrauch (ml $O_2$/kg KM/min) = 0,0019 x $(HF)^{2,0653}$

$r^2$ = 0,9

Diese Gleichung liefert bessere Schätzwerte für den Sauerstoffverbrauch bei niedrigen Herzfrequenzen als die Gleichung von EATON et al. (1995) (NRC, 2007), das Problem der anaeroben Arbeit ist aber ungelöst.

Die Schätzung der Arbeitsintensität über die Herzfrequenz kann bei Aktivitäten von Nutzen sein, bei denen die Geschwindigkeit eine untergeordnete Rolle spielt (z.B. Cutting im Westernsport) oder gar nicht bekannt ist (z.B. bei Pferden mit speziellen Gangarten) (NRC, 2007). Es werden keine Angaben über den Trainingszustand der Pferde und einen eventuell daraus resultierenden Unterschied im Energiebedarf für gleiche Arbeit gemacht.

## 4. Body Condition Scores

### 4.1 Definition

Die Body Condition, zu deutsch die „Körperkondition", beschreibt durch Unterteilung in Punkte, den so genannten „Scores", den Ernährungszustand eines Tieres. Sie ist ein Maß für das Depotfett im Tierkörper (HENNEKE et al., 1983). Durch Adspektion und Palpation verschiedener Körperregionen ergibt sich eine Gesamtpunktzahl: der Body Condition Score (BCS) (FERGUSON et al., 1994).

### 4.2 Body Condition Scoring Systeme beim Pferd

HENNEKE et al. (1983) entwickelten an 20 ausgewachsenen Quarter Horse Stuten ein System zur Beurteilung des BCS auf einer Skala von 1 bis 9, wobei 1 extrem abgemagerte, kachektische Pferde und 9 extrem fette, adipöse Pferde beschreibt. Durch Adspektion und Palpation der Fettpolster verschiedener Körperregionen wurde den beurteilten Tieren eine Punktzahl zugeteilt. LEIGHTON-HARDMAN (1980) bewertete den Fettgehalt am Widerrist und Rücken sowie über den Rippen und in der Beckenregion auf einer Skala von 0 bis 5. Zur Beurteilung von Pferden verschiedener Rassen erarbeiteten CARROL und HUNTINGTON (1988) ein 6-Punkte-System von 0 bis 5, wobei 0 kachektische Pferde und 5 adipöse Pferde bezeichnet. In beiden Systemen fließt die Bewertung von Hals, Schulter, Widerrist, Dornfortsätzen, Rippen, Hüfthöcker, Schweifansatz und Sitzbeinhöckor mit ein. MARTIN-ROSSET (1990) dagegen berücksichtigt bei der Bewertung von Pferden auf einer Skala von 0 bis 5 nur die Brustwand und den Schweifansatz. WRIGHT (1998) entwickelte ein Body Condition System auf Basis von CARROL und HUNTINGTON (1988) und HENNEKE et al. (1983) für den Einsatz beim Herdenmanagement verschiedener Pferderassen.

#### 4.2.1 Body Condition Scoring System nach KIENZLE und SCHRAMME (2004)

Basierend auf dem System von HENNEKE et al. (1983) für Quarter Horses erarbeiteten KIENZLE und SCHRAMME (2004) an 181 Warmblutpferden ein System zur Beurteilung der Body Condition, wobei ein BCS von 1 für kachektische Pferde und ein BCS von 9 für hoch adipöse Pferde steht. Es werden die Sicht- bzw. Tastbarkeit von Knochenstrukturen und die äußerlich zugänglichen Fettreserven beurteilt. Dabei werden sechs Körperregionen betrachtet: am Hals wird die Höhe des Kammfettes mittels einer Schublehre gemessen, es wird die seitliche Wölbung (konkav oder konvex) und der Übergang zum Widerrist (Axthieb vorhanden?) beurteilt. Im Bereich der Schulter werden die Sichtbarkeit der Scapula und der Rippen sowie die Möglichkeit zur Bildung einer mehr oder weniger großen Hautfalte geprüft. Im Bereich von Rücken und Kruppe sind die Sicht- bzw. Fühlbarkeit der knöchernen Strukturen der Wirbelsäule und der Rippen, die Verschieblichkeit der Haut der Kruppe sowie die Fettpolster über den Rippen und auf der Kruppe entscheidend. An der Brustwand steht die Fettabdeckung der Rippen im Vordergrund. Prominenz bzw. Fettabdeckung der Hüfthöckern werden für Warmblüter rassespezifisch beurteilt. Die sechste in die Beurteilung eingehende Prädilektionsstelle für subkutane Fettablagerungen liegt neben dem Schweifansatz (Tab. 21). Der Bauch des Pferdes spielt bei der Einschätzung des Ernährungszustandes keine Rolle (KIENZLE und SCHRAMME, 2004).

### 4.3 Body Condition Scores im Hinblick auf Leistungsmerkmale

GARLINGHOUSE und BURRIL (1998) und GARLINGHOUSE et al. (1999) untersuchten die Ausdauerleistung von Pferden bei Distanzrennen über 160 km. Die höchste Erfolgsrate hatten Pferde mit einem BCS zwischen 5,0 und 5,5. Obwohl die Gewichtsbelastung dieser Tiere höher war, fiel ihnen die Anstrengung leichter als dünneren Pferden. LAWRENCE et al. (1992) untersuchten bei einem zweitägigen Distanzrennen über 151,3 Meilen 57 Pferde arabischer Herkunft. Dabei stellten sie fest, dass der durchschnittliche BCS bei 4,67 lag und der durchschnittliche Körperfettanteil bei 7,8 %. Pferde, die das Rennen beendeten und auf den vorderen Plätzen landeten, zeigten einen maximalen BCS von etwa 5 und einen Körperfettanteil von 6,5 %. Pferde mit einem höheren BCS und Körperfettanteil erreichten nur hintere Platzierungen oder beendeten das Rennen gar nicht. Zuviel Körperfett ist für den Ausdauersport von Nachteil, da schon allein für die vertikale und horizontale Bewegung des Körpers viel Arbeit notwendig ist. Sie kamen ferner zu dem Schluss, dass die Kombination aus erhöhtem Energieverbrauch durch Arbeit mit einer verminderten Energiezufuhr zu einer Reduktion des Körperfettanteils führt und der BCS erst in zweiter Linie beeinflusst wird.

### 5. Ermittlung der Körpermasse

### 5.1 Körpermasse bei Pferden

Das durchschnittliche Körpergewicht bei deutschen Warmblutpferden schwankt zwischen etwa 550 kg und 650 kg. Ponys hingegen haben rassebedingt eine breite Spanne der Körpermasse zwischen 280 und 450 kg (MEYER und COENEN, 2002).

Tab. 4: Körpermasse (KM) ausgewachsener Pferde verschiedener Rassen (Durchschnitt von Stuten und Wallachen) (MEYER und COENEN, 2002)

| Rasse | kg KM |
|---|---|
| Shetland Pony | 100-200 |
| Dartmoor Pony | 220-340 |
| Welsh-Pony | 280-325 |
| Deutsches Reitpony | 300-350 |
| Isländer | 350-450 |
| Araber | 450 |
| Haflinger | 460 |
| Fjordpferd | 400-450 |
| Vollblut | 450-520 |
| Quarter Horse | 530 |
| Deutsches Warmblut | 550-650 |
| Deutsches Kaltblut | 700-740 |
| Ardenner | 800-850 |

## 5.2 Abschätzung der Körpermasse

MILNER und HEWITT (1969) untersuchten 108 Tiere, unter denen sich sowohl Shetland Ponys als auch Shire Horses, sowohl Fohlen als auch adulte Pferde befanden. Es wurde der Brustumfang der Tiere gemessen, wobei MILNER und HEWITT (1969) sich bei der Durchführung der Messung auf die Bemessung des halben Brustumfangs kurz hinter dem Widerrist bis zur Medianen in Sattelgurtlage beschränkten und den so ermittelten Wert rechnerisch verdoppelten. Die Körperlänge wurde vom Caput humeri bis zur Pars cranialis des Trochanter major femoris gemessen.

Daraus ergab sich folgende Gleichung für die Abschätzung der Körpermasse, wobei BU den Brustumfang in cm, KL die Körperlänge in cm und KM die Körpermasse in kg bezeichnet:

$$KM\ (kg) = BU^2 \times KL\ /\ 6316$$

Der Korrelationskoeffizient zwischen geschätzter und tatsächlicher Masse lag bei $r^2=0{,}99$, wobei sie zu bedenken gaben, das dies die Konsequenz aus der großen Spannbreite der Körpermassen war. Für diese Gleichung ergab sich eine durchschnittliche prozentuale Abweichung vom tatsächlichen Gewicht von 5,6 %.

CAROLL und HUNTINGTON (1988) untersuchten anhand von 281 Pferden mit einer Spanne der Körpermasse von 160 kg bis 680 kg die Korrelation von unterschiedlichen biometrischen Daten. Für die Messung des Brustumfangs wurde das Maßband hinter dem Ellbogen angelegt und um die ganze Brust geführt. Die Körperlänge wurde vom Caput humeri bis zum Tuber ischiadicum gemessen. Eine Regressionsgleichung aus Brustumfang und Körperlänge korrelierte nur minimal besser mit der Körpermasse ($r^2$=0,837) als eine Regressionsgleichung aus Widerrist und BCS ($r^2$=0,825). Im ersten Fall betrug die Standardabweichung 37,2, im zweiten Fall 42,7.

Nach CARROLL und HUNTIGTON (1988) ergab sich folgende Gleichung:

KM (kg) = $BU^2$ x KL / 11877,4

KIENZLE und SCHRAMME (2004) entwickelten durch Vermessen und Wiegen von 181 Pferden eine neue Formel zur Abschätzung der Körpermasse. Diese Formel wurde an einer Versuchsgruppe mit 209 Pferden verschiedener Rassen überprüft. Aufgrund besserer Korrelation mit der Körpermasse wird das Bandmaß und nicht das Stockmaß in dieser Gleichung verwendet. Für die Bestimmung des Bandmaßes (BM) wurde der Abstand zwischen Widerrist und Boden kurz hinter dem Vorderbein gemessen. Der Brustumfang (BU) wurde wie bei CAROLL und HUNTIGTON (1988) durch Anlegen eines Maßbandes um den Brustkorb gemessen. Von der linken Pars cranialis des Tuberculum majus humeri über das linke und rechte Ende des Tuber ischiadicums bis zur rechten Pars cranialis des Tuberculum majus humeri reichte die Messung des Körperumfangs (KU). Der Halsumfang (HU) wurde knapp vor dem Widerrist gemessen. An der dünnsten Stelle des Vorderfußes kurz oberhalb der Mitte des Metacarpus wurde der Umfang von Os metacarpale, M. interosseus und Beugesehnen, also der Röhrbeinumfang (RB), gemessen.

Geschätzte KM (kg) =

-1160 + 2,594 x BM + 1,336 x BU + 1,538 x KU + 6,226 x RB + 1,487 x HU + 13,63 x BCS

Der Korrelationskoeffizient zwischen geschätzter und tatsächlicher Körpermasse betrug $r^2$=0,94 mit einem Standardfehler von 18,5 kg. Diese Formel eignet sich für Pferde ab einem Körperumfang von 366 cm.

Für Pferde mit einem Körperumfang zwischen 311 und 365 cm ist die Formel von KIENZLE und SCHRAMME (2004) nicht geeignet.

Hierfür liefert die Formel von HOIS et al. (2005) bessere Werte:

KM (kg) = -328,7 + 1,665 x BU + 0,809 x KU + 2,364 x RB + 0,5 x HU

## III. MATERIAL UND METHODEN

### 1. Versuchsaufbau

#### 1.1 Versuchsziel

In der vorliegenden Arbeit sollte ein neues Energiebewertungssystem für Pferde (KIENZLE und ZEYNER, 2009[3]) auf der Stufe der ME in der Praxis überprüft werden. Dazu wurden Daten über die Fütterung von Pferden und Ponys verschiedener Rassen, verschiedenen Alters und Geschlechts und unterschiedlicher Arbeitsbelastung unter Feldbedingungen erhoben. Insbesondere sollte die Energieaufnahme dieser Pferde mit dem faktoriell ermittelten Energiebedarf für Erhaltung und Arbeit verglichen werden, wobei der Bedarf für die Arbeitsleistung einerseits anhand der Angaben zur Dauer der Arbeit und andererseits anhand von Pulsmessungen ermittelt wurde.

#### 1.2 Versuchsplan

Im Rahmen dieser Arbeit wurden Daten über 76 Pferde und 14 Ponys aus zehn verschiedenen Reitbetrieben gesammelt. Die Ponys wurden alle im Freizeitsport oder im kleinen Turniersport (Reiterwettbewerb, Springen und Dressur Kl. E) eingesetzt. Von den 76 Pferden gingen zwei Pferde im Vielseitigkeitssport der Klassen M und S, sieben Pferde im Springsport der Klassen M und S, fünf Pferde im Springsport der Klassen E bis L, acht Pferde im Dressursport der Klassen M und S, 13 Pferde im Dressursport der Klassen E bis L, elf Pferde im Freizeitsport, fünf Pferde im Westernsport und 25 Pferde in der Reitschule des Haupt- und Landgestüts Marbach.

#### 1.3 Auswahl der Pferde und Ponys

Die Datensätze der Tiere wurden im Feldversuch erhoben. Angestrebt wurde ein möglichst breiter Überblick über die im Reitsport eingesetzten Pferde. Die Besitzer wurden über persönliche Bekanntschaft und über die Betreuung durch zwei tierärztliche Praxen zufällig ausgewählt und um Teilnahme gebeten. Zum Haupt- und Landgestüt Marbach wurde Kontakt aufgenommen und um Mithilfe ersucht. Die Auswahl erfolgte unabhängig von Alter, Rasse, Verwendungszweck und Geschlecht.

---

[3] Persönliche Mitteilung Kienzle vom 28.01.2009. Zur Publikation unter dem Arbeitstitel „The development of a ME-system for energy evaluation in horses" vorgesehen.

MATERIAL UND METHODEN 21

## 2. Erfassung der täglichen Arbeitsleistung

Die Arbeit wurde vor, während und nach der Studie nicht verändert, d.h. der Trainingszustand der Pferde war an ihre jeweilige Arbeit angepasst. Die Erfassung der täglich verrichteten Arbeit der Pferde basierte auf Angaben der Reiter und gliederte sich in eine Schritt-, Trab- und Galopparbeit. Die Erfassung erfolgte jeweils in Minuten. Die Angaben der Reiter wurden stichprobenartig mit der Stoppuhr überprüft. Nicht erfasst werden konnte die tägliche Eigenbewegung der Pferde, beispielsweise im Auslauf.

Zwei Tiere wurden nur im Schritt geritten und daher in die Auswertung der Trab- und Galopparbeit nicht miteinbezogen. Drei Tiere verrichteten keine Galopparbeit und wurden in die Galoppauswertung nicht miteinbezogen.

Ein Vielseitigkeitspferd wurde täglich 2 min im Mitteltrab geritten. Für „Mitteltrab" wurde unter der Sparte Arbeit kein extra Kapitel eröffnet. Bei der Energieberechung wurde dies jedoch berücksichtigt. Ebenso wurden zwei Vielseitigkeitspferde täglich 1 min und 5 min im Mittelgalopp geritten. Diese wurden ebenfalls nicht in einem eigenen Kapitel „Mittelgalopp" aufgeführt, aber bei der Energieberechnung wurde diese Leistung berücksichtigt.

## 3. Body Condition Score

Zur Ermittlung des Body Condition Score wurde jedes Pferd bzw. Pony im Versuchszeitraum wöchentlich nach dem von KIENZLE und SCHRAMME (2004) entwickelten BCS-System beurteilt. Zur Beurteilung wurden die sechs Körperregionen Hals, Schulter, Rücken und Kruppe, Brustwand, Hüfte und Schweifansatz herangezogen. Diese wurden je nach Fett- und Muskelansatz mit den Noten 1 bis 9 bewertet, wobei die Note 1 für kachektische Pferde und die Note 9 für adipöse Pferde vergeben wurde. Zur Bewertung der Halsregion wurde eine Schieblehre benötigt, mit der bei gesenktem Pferdekopf am höchsten Punkt des Kammes das Kammfett in Zentimeter gemessen wurde.

Während der Studie wurden auf diese Weise vier Werte ermittelt, die am Schluss zu einem Durchschnittswert zusammengefasst wurden. Dieser Durchschnittswert floss einerseits in die Berechnung der Körpermasse des einzelnen Tieres mit ein, andererseits wurde er zur Beurteilung der Tiere im Hinblick auf die Fütterung benötigt.

## 4. Bestimmung der Körpermasse der Pferde und Ponys

Während des Versuchszeitraumes von vier Wochen wurde jedes Pferd einmal zur Bestimmung der Körpermasse vermessen.

Bei jedem Tier wurden, wie in Abb. 2 ersichtlich, das Bandmaß, der Brustumfang, der Körperumfang, der Röhrbeinumfang und der Halsumfang mit einem Maßband gemessen.

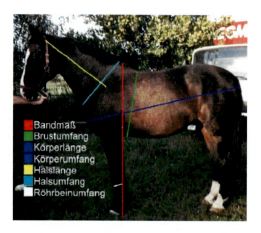

Abb. 2: Darstellung der Messbereiche (aus KIENZLE und SCHRAMME 2004)

*Brustumfang*

Zum Messen des Brustumfangs nach KIENZLE und SCHRAMME (2004) wurde das Maßband hinter dem Widerrist angelegt und in Gurtlage bei entspanntem Brustkorb um denselben gezogen.

*Körperumfang*

Bei der Messung des Körperumfangs nach KIENZLE und SCHRAMME (2004) wurde auf Höhe des Pars cranialis des Tuberculum majus ossis humeri und des Tuber ischiadicums um das Pferd herumgemessen, während alle vier Gliedmaßen von den Tieren möglichst gleichmäßig belastet wurden.

MATERIAL UND METHODEN

*Halsumfang*

Der Halsumfang wurde nach KIENZLE und SCHRAMME (2004) am Ansatz parallel zur Schulter gemessen. Die Pferde standen dabei möglichst gerade mit dem Kopf in normaler Höhe.

*Röhrbein*

Unter normaler Belastung der linken Vordergliedmaße wurde der kleinste Umfang des Röhrenknochens nach KIENZLE und SCHRAMME (2004) am Übergang vom mittleren zum oberen Drittel gemessen. Diese Stelle beinhaltet die Strukturen von Os metacarpale, M. interosseus und Beugesehnen.

*Bandmaß*

Der Messpunkt 0 eines Maßbandes wurde am höchsten Punkt des Widerristes, am Proc. spinosus des 5. Brustwirbels, angelegt. Dann wurde entlang des Pferdekörpers bis zum Boden kurz hinter der linken Vordergliedmaße gemessen (KIENZLE und SCHRAMME, 2004). Die Höhe des Hufeisens wurde erfasst und vom Bandmaß subtrahiert.

Zusammen mit dem ermittelten durchschnittlichen Body Condition Score nach KIENZLE und SCHRAMME (2004) wurden die Werte in folgender Formel zur Schätzung der Körpermasse nach KIENZLE und SCHRAMME (2004) verwendet sofern der Körperumfang 366 cm nicht unterschritt :

Geschätzte KM (kg) =

-1160 + 2,594 x BM +1,336 x BU + 1,538 x KU + 6,226 x RB + 1,487 x HU + 13,63 x BCS

Bei neun Pferden, bei welchen der Körperumfang unter 366 cm lag, wurde folgende Gleichung nach HOIS et al. (2005) angewandt:

Geschätzte KM (kg) =

-328,7 + 1,665 x BU + 0,809 x KU + 2,364 x RB + 0,5 x HU

Die einzelnen Daten der Pferde sind in Tab. 18 im Anhang aufgeführt.

## 5. Pulsfrequenz

### 5.1 Anlegen des Pulsmessers am Pferdekörper

Die Reiter wurden gebeten, im Versuchszeitraum sechsmal während der täglichen Arbeit mit einem Equine Transmitter S610i™ für Pferde der Firma POLAR® zu reiten. Dieser Pulsmesser besteht aus zwei Elektroden, einem Transmitter und einer Pulsuhr für den Reiter.

Das Fell der Pferde wurde von den Reitern unmittelbar vor Anlegen des Pulsmessers an den Stellen, denen später die Elektroden auflagen, mit einem Schwamm oder einem Tuch befeuchtet. Die positive Elektrode war mit einem „+", die negative Elektrode war mit einem „-" gekennzeichnet. Nachdem der Sattel auf dem Pferderücken auflag, wurde die positive Elektrode auf der linken Seite des Pferdes in Richtung des Fellstrichs hinter dem Widerrist in Höhe des M. longissimus thoracis unter das Sattelblatt geschoben. Die positive Elektrode wurde allein durch den Druck von Sattel und Reitergewicht in Position gehalten. Die negative Elektrode wurde auf der linken Seite des Pferdes in der Sattelgurtlage in Höhe des M. pectoralis profundus unter den Sattelgurt geschoben und mit einem Gummiband am Sattelgurt befestigt. Nach dem Anbringen beider Elektroden wurde der Sattelgurt angezogen, um ein Verrutschen zu verhindern. Der Transmitter wurde mit einem Gummiband auf der linken Seite des Pferdes am Anfassriemen des Sattels angebracht. Sofern diese Hilfskonstruktion nicht vorhanden war, wurde der Transmitter an den oberen Schlaufen der Satteldecke in Höhe des Sattelbaums befestigt. Der Reiter trug die Pulsuhr, welche die Messungen aufzeichnete, am Handgelenk. Der Abstand zwischen Transmitter am Sattel und Handgelenk des Reiters sollte höchstens 50 cm betragen, da bei einer größeren Distanz der Kontakt zeitweilig abbrach.

### 5.2 Pulsfrequenzmessung

Pro Tier wurden sechs Messungen an sechs unterschiedlichen Tagen von den Reitern durchgeführt. Beim Erstversuch wurden die Reiter von der Autorin angeleitet. Sie erhielten darüber hinaus für die weiteren Messungen eine kurze schriftliche Anleitung zur Handhabung der Pulsuhr ausgeteilt. Nach korrektem Anlegen der Elektroden starteten die Reiter mit der Pulsuhr die einzelnen Phasenmessungen. Die Pulsuhr konnte während des Reitens bedient werden. Eine Unterbrechung des Bewegungsablaufs des Pferdes war nicht notwendig. Nach Abschluss der Arbeit wurden die gespeicherten Daten der Pulsuhr abgefragt und abgelesen. Die Werte wurden von den Reitern in ein vorgefertigtes Formular eingetragen. Anschließend wurden die Daten gelöscht, um Verwechslungen zu vermeiden.

Jede Messung wurde in fünf Phasen unterteilt.

In Phase 1 wurden während einer Dauer von etwa zwei Minuten der maximale und der durchschnittliche Puls des Pferdes beim Aufsatteln in der Box oder auf der Stallgasse gemessen. Diese Phase wurde nicht in die Energieberechnung mit einbezogen.

In Phase 2 wurden während einer Dauer von ca. zwei Minuten der maximale und der durchschnittliche Puls des Pferdes kurz nach dem Aufsitzen des Reiters beim unmittelbaren Beginn der Arbeit im Schritt gemessen.

In Phase 3 wurden während einer Dauer von ca. zwei Minuten der maximale und der durchschnittliche Puls des Pferdes in der Lösungsphase beim Leichttraben gemessen.

In Phase 4 wurden während einer Dauer von ca. zwei Minuten der maximale und der durchschnittliche Puls des Pferdes im Galopp gemessen.

In Phase 5 wurden während einer Dauer von ca. zwei Minuten der maximale und der durchschnittliche Puls des Pferdes beim Trockenreiten gemessen.

Für die Berechnung des Leistungsbedarfs wurden jeweils die mittleren Pulswerte sowie die Dauer der Phasen 2 bis 5 herangezogen.

In drei Fällen gelang die Pulsmessung mit dem elektronischen Pulsmesser nicht, diese wurden bei der Bedarfsberechnung mittels Pulswerten nicht berücksichtigt.

## 6. Energieaufnahme

### 6.1 Erfassung der Tagesrationen

Für jedes Tier wurde eine individuelle Rationsberechnung erstellt. Dafür wurden die einzelnen Futterkomponenten erfasst. Sofern den Tieren während des Versuchszeitraumes Weidegang gewährt wurde, fand dieser auf Koppeln ohne nennenswerten Graswuchs statt und sollte eher der pferdegerechten Haltung als der Futteraufnahme dienen. Auf Beifutter wurde während des Versuchszeitraums verzichtet. Die Reiter richteten zu Beginn des Versuchszeitraumes die täglichen Futterportionen Heu und Kraftfutter her. Die Kraftfutterportionen wurden mit einer handelsüblichen digitalen Küchenwaage gewogen, die Heuportionen mit einer Federwaage, und die Menge wurde in kg erfasst. Sofern ein Fertigfutter gefüttert wurde, wurden die Inhaltsstoffe in Prozent der Deklaration auf dem Futtersack entnommen oder direkt beim Futtermittelhersteller erfragt. Beim Hafer wurde das

Litergewicht bestimmt. Dazu wurde ein Litermaß mit dem im jeweiligen Betrieb verfütterten Hafer gefüllt und das Nettogewicht gewogen. Mit den Reitern wurde vereinbart, die Ration während des Versuchszeitraumes nicht zu verändern.

## 6.2 Berechnung des Energiegehalts von Kraftfutter

Die Angaben für Rohprotein, Rohfett, Rohfaser und Rohasche wurden bei Mischfuttermitteln den Inhaltsstoffangaben der Futtermittelhersteller entnommen, bei Gerste und Mais der DLG – Tabelle (1995). Für Hafer wurde aufgrund des zwischen 500 und 550 g liegenden Litergewichtes ein Nährstoffgehalt von 103 g Rohfaser, 103 g Rohprotein und 585 g N-freie Extraktstoffe pro kg lufttrockene Substanz (uS) angenommen (MEYER und COENEN, 2002). Die entsprechenden Werte wurden in die Formel von KIENZLE und ZEYNER (2009[4]) zur Berechnung der ME eingesetzt:

ME MJ/kg TS = - 3,54 + 0,0129 x Rp + 0,0420 x Rfe - 0,0019 x Rfa + 0,0185 x NfE

(Rohnährstoffe in g/kg TS)

Für Hafer errechnete sich ein Energiegehalt von 10,6 MJ ME/kg uS, für Gerste 11,1 MJ ME/kg uS und für Mais 11,5 MJ ME/kg uS.

## 6.3 Schätzung des Energiegehalts von Heu

Das Heu wurde zunächst einer Sinnenprüfung unterzogen, wobei insbesondere auf den Futterwert geachtet wurde. Dabei erfolgte eine Prüfung auf Blattreichtum bzw. Stängelgehalt, es wurde auf den Griff (weich, sperrig) sowie auf den Anteil an Blütenständen geachtet, um Schnittfolge und Pflanzenalter schätzen zu können.

Bei allen Betrieben stammte das Heu aus dem 1.Schnitt, es war zu Beginn bis Mitte der Blüte geschnitten. Diese Uniformität erklärt sich vermutlich damit, dass es sich um Heu aus dem Jahr 2003 handelte, das extrem trocken war, so dass die Landwirte das Heu etwa gleichzeitig schneiden mussten. Zweite Schnitte gab es 2003 nur in Ausnahmefällen. Ausgehend von Daten von MÖLLMANN (2007), die Pferdeheu aus den Jahren 2003 und 2004 untersuchte, wurden die folgenden Nährstoffgehalte in der lufttrockenen Substanz unterstellt: 74 g Rohprotein, 20 g Rohfett, 269 g Rohfaser, 20 g Rohasche. Diese Werte

---

[4] Persönliche Mitteilung Kienzle vom 28.01.2009. Zur Publikation unter dem Arbeitstitel „The development of a ME-system for energy evaluation in horses" vorgesehen.

MATERIAL UND METHODEN 27

wurden in die Formel von KIENZLE und ZEYNER (2009[5]) zur Berechnung der ME eingesetzt:

ME MJ/kg TS = - 3,54 + 0,0129 x Rp + 0,0420 x Rfe - 0,0019 x Rfa + 0,0185 x NfE

(Rohnährstoffe in g/kg TS)

Es errechneten sich 7,1 MJ ME/kg uS.

## 7. Berechnung des täglichen Energiebedarfes

Der tägliche Bedarf an Energie setzt sich zum einen aus dem Energiebedarf für den Erhaltungsstoffwechsel und zum anderen aus dem Leistungsbedarf für die Bewegung zusammen.

### 7.1 Berechnung des Energiebedarfs für den Erhaltungsstoffwechsel

Nach ZUNTZ und HAGEMANN (1898) liegt der Erhaltungsbedarf von Reitpferden bei erheblichen Schwankungen etwa bei 0,52 MJ ME/kg $KM^{0,75}$. Nach VERMOREL et al. (1997a,b) errechnen sich ebenfalls 0,52 MJ ME/kg $KM^{0,75}$.

### 7.2 Berechnung des Leistungsbedarfs für Bewegung

#### 7.2.1 Nach Arbeitsdauer

Die jeweils geleistete Schritt-, Trab- und Galopparbeit der Tiere wurde in Minuten erfasst. Für den Leistungsbedarf wurden Angaben von ZUNTZ und HAGEMANN (1998) sowie von PAGAN und HINTZ (1986) herangezogen. Der Leistungsbedarf wurde pro Stunde Schritt mit 10 kJ ME/kg KM, pro Stunde Trab mit 25 kJ ME/kg KM und pro Stunde Galopp mit 100 kJ ME/kg KM veranschlagt (Tab. 3). Die Arbeit wurde i.d.R. unter dem Reiter geleistet, daher wurde für diese Berechnungen ein Reitergewicht von 70 kg bei Großpferden und von 60 kg bei Ponys zur Köpermasse des Pferdes hinzugerechnet.

---

[5] Persönliche Mitteilung Kienzle vom 28.01.2009. Zur Publikation unter dem Arbeitstitel „The development of a ME-system for energy evaluation in horses" vorgesehen.

## 7.2.2 Nach Pulswerten

Herangezogen wurden nur die Werte in der Bewegung, jeweils der Mittelwert der Schritt-, Trab- und Galopptouren. Die Phase P1 wurde nicht in die Berechnungen miteinbezogen, weil die Tiere dabei nicht in Bewegung waren, sondern diese Phase den gemessenen Basiswert der Pulsfrequenz darstellte.

Wie bereits bei der Pulsauswertung erwähnt, werden bei dieser Berechnung drei Pferde, die nicht mit Pulsmesser geritten werden konnten, nicht berücksichtigt.

Für alle anderen Pferde (n = 87) wurden Pulswerte in den fünf bzw. vier Phasen ermittelt und mit dem Mittelwert der durchschnittlichen Herzfrequenz pro Phase und Tier wurde der Sauerstoffverbrauch nach folgender Formel nach COENEN (2005) berechnet:

$$\text{Sauerstoffverbrauch (ml } O_2/\text{kg KM/min)} = 0{,}0019 \times (HF)^{2{,}0653}$$

Zur Körpermasse der Pferde wurde wiederum das Reitergewicht addiert.

1000 ml $O_2$/kg KM/min entsprechen 0,2 MJ. Entsprechend wurde der zusätzliche Bedarf für Leistung in Abhängigkeit von der Herzfrequenz und der Dauer der Arbeitsphasen in MJ ME pro Tier und Tag berechnet.

## 7.3 Einteilung in Arbeitsklassen

Die Einteilung nach KAMPHUES et al. (2009) und NRC (1989) bezieht sich auf das DE-System, wobei sich Probleme mit der Übereinstimmung mit der tatsächlich benötigten Futtermenge ergaben (ZMIJA et al., 1991). Anhand der Ergebnisse wurden die Arbeitsklassen im ME-System neu eingeteilt.

## 7.4 Statistische Methoden

Bei abhängigen Stichproben zum Vergleich zweier Mittelwerte (p < 0,05, signifikant) wurde ein paariger t-Test in Sigmastat durchgeführt. Abhängigkeiten wurden ebenfalls in Sigmastat mittels Regressionsberechnungen ermittelt.

## IV. ERGEBNISSE

### 1. Gesundheitszustand der Pferde

Zum Zeitpunkt der Studie waren bei keinem Tier gesundheitliche Beeinträchtigungen bekannt. Ein Springpferd (Nr. 89) erholte sich bis kurz vor Beginn der Feldstudie von einer Hufreheerkrankung. Während des Versuchszeitraums war das Pferd klinisch unauffällig und uneingeschränkt einsetzbar.

### 2. Body Condition Scoring

Für die Pferde der vorliegenden Studie wurden Body Condition Scores von 4,2 bis 6,7 ermittelt (Skala von 1 = Kachexie bis 9 = Fettsucht, 5 = ideal).

Elf Pferde erreichten einen Wert bis 5,0, weitere 59 lagen zwischen 5,1 und 6,0. Für die restlichen 20 wurde ein BCS von 6,0 und mehr ermittelt (Abb. 3).

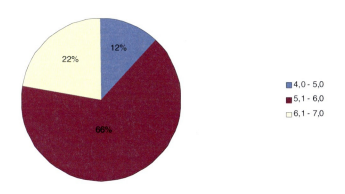

Abb. 3: Der prozentuale Anteil der BCS-Gruppen

### 3. Körpermasse

Im Mittel betrug die geschätzte Körpermasse 538 kg mit einem Minimum von 255 kg und einem Maximum von 703 kg. Die Großpferde zeigten im Schnitt eine Körpermasse von 567 kg mit einer ermittelten Mindestmasse von 415 kg und einer Maximalmasse von 703 kg. Bei den Ponys wog der Durchschnitt 378 kg. Das leichteste Pony wog 255 kg, das schwerste 505 kg.

Tab. 5: Durchschnittliche Körpermasse geschätzt nach KIENZLE und SCHRAMME (2004) und HOIS et al. (2005) in kg

|  | n | Mittelwert | Minimum | Maximum |
|---|---|---|---|---|
| Alle Pferde | 90 | 538± 89 | 255 | 703 |
| Großpferde | 76 | 567± 54 | 415 | 703 |
| Ponys | 14 | 378± 72 | 255 | 505 |

## 4. Typisierung der Ration

### 4.1 Rationsgestaltung

In der vorliegenden Studie wurden als Kraftfutter Hafer, Gerste, Mischfuttermittel (MF) und in geringem Umfang Mais verfüttert. Gerste und Mais wurden in vier Ställen in einer hofeigenen Mischung mit anderen Komponenten kombiniert. Bei neun Pferden wurde Mash zugefüttert sowie bei 13 Pferden Melasseschnitzel. Als Grundfutter diente in allen Fällen Heu. Fünf Pferde wurden nur mit Heu gefüttert, neun Pferde bekamen eine Hafer- und Heukombination, fünf davon erhielten zusätzlich Mineralfutter. Bei 19 Pferden wurden Mischfuttermittel und Heu verwendet, an ein Tier dieser Gruppe wurde Mineralfutter verfüttert. 57 Pferde erhielten eine Ration aus Hafer, Mischfuttermitteln und Heu, darunter waren sechs Pferde, die Mineralfutter bekamen. Die tägliche Ration bestand im Durchschnitt zu drei Vierteln aus Heu und zu je etwa einem Achtel aus Mischfuttermitteln und Hafer.

Bei reiner Heufütterung bekamen die Tiere im Mittel 8,4 ± 1,67 kg Heu täglich. Pferde mit Hafer und Heuration bekamen im Mittel 1,4 ± 0,75 kg Hafer und 8,4 ± 0,88 kg Heu. Pferde, die mit Mischfuttermitteln und Heu gefüttert wurden, bekamen durchschnittlich 1,2 ± 1,06 kg MF und 8,5 ± 1,22 kg Heu am Tag. Pferde der Hafer, MF, Heu-Gruppe erhielten im Durchschnitt 1,8 ± 0,84 kg Hafer, 1,9 ± 0,88 kg MF und 7,8 ± 0,74 kg Heu.

# ERGEBNISSE 31

## 4.2 Täglich aufgenommene Menge an Grund- und Kraftfutter

Die durchschnittliche aufgenommene Menge an Kraftfutter und Heu in kg/100 kg KM pro Tier und Tag ist in Tab. 6 aufgeführt. Demnach gliederte sich der Mittelwert der Futtermittel, die die Tiere täglich erhielten in 0,31 kg MF/100 kg KM und 0,26 kg Hafer/100 kg KM. Dabei unterschied sich die Fütterung der 14 Ponys nicht wesentlich von der Fütterung der Großpferde.

Berechnet man die tägliche Heuaufnahme im Bezug auf die Lebendmasse der Tiere pro 100 kg, so wurden im Mittel täglich 1,56 kg Heu pro 100 kg/KM an die Tiere verfüttert. Dabei lagen das Minimum bei 1,06 kg/100 kg KM und das Maximum bei 3,92 kg/100 kg KM. Bei dem Maximalwert handelte es sich um ein Pony, das 255 kg wog und täglich 10 kg Heu erhielt.

Vier Ponys wurden ausschließlich mit Heu gefüttert, während dies unter den Großpferden nur ein Tier betraf.

Tab. 6: Durchschnittliche gefütterte Menge der Grund- und Kraftfutterration
in kg/100 kg KM/d

|  | Mittelwert | Minimum | Maximum |
|---|---|---|---|
| Mischfuttermittel | 0,31 ± 0,17 | 0,03 | 0,79 |
| Hafer | 0,26 ± 0,12 | 0,05 | 0,87 |
| Heu | 1,56 ± 0,46 | 1,06 | 3,92 |

n = 90

## 4.3 Tägliche Proteinaufnahme

Die mit der Trockensubstanz der einzelnen Futtermittel täglich aufgenommene Rohproteinmenge betrug im Mittel 894 g. Davon entfielen 595 g Rohprotein auf Heu, 192 g auf Mischfuttermittel, 182 g auf Hafer und bei einzelnen Tieren 12 g auf Mineralfutter. Die durchschnittliche Proteinaufnahme aller Rationstypen betrug 8,1 ± 1,68 g/kg $KM^{0,75}$.

In der Gruppe der mit MF und Heu gefütterten Pferde betrug die mittlere Rohproteinaufnahme 7,4 g/kg $KM^{0,75}$. Pferde, die mit Hafer, MF und Heu gefüttert wurden, bekamen durchschnittlich 8,4 g/kg $KM^{0,75}$. Tiere mit Heu und Haferrationen bekamen 7,4 g/kg $KM^{0,75}$. Bei reiner Heufütterung lag die durchschnittliche Aufnahme bei 7,7 g/kg $KM^{0,75}$.

# ERGEBNISSE

Tab. 7: Durchschnittliche Rohproteinaufnahme bei verschiedenen Rationen in g/kg KM$^{0,75}$

| Rationstyp | Mittelwert | Minimum | Maximum |
|---|---|---|---|
| Rp in MF–Heuration | 7,4 ± 0,99 | 5,8 | 9,1 |
| Rp in MF-Hafer-Heuration | 8,4 ± 1,74 | 5,0 | 14,0 |
| Rp in Hafer-Heuration | 7,4 ± 0,92 | 5,8 | 8,8 |
| Rp in Heuration | 7,7 ± 3,05 | 4,0 | 11,6 |

## 5.  Arbeit

Im Mittel wurden die Pferde 64 min am Tag geritten. Von der Gesamtarbeitsdauer entfielen 44,3 % auf Schrittarbeit, 29,5 % auf Trabarbeit und 26,2 % auf Galopparbeit.

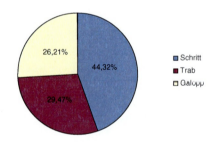

Abb. 4: Der prozentuale Anteil der Gangarten an der täglichen Bewegung

Die tägliche Schrittdauer reichte von 15 min bis 113 min. Dabei ergab sich eine durchschnittliche Zeit von 28 min für die Schrittphase. 60 Pferde gingen zwischen 10 und 20 min Schritt, 14 Pferde zwischen 21 und 30 min. Acht Pferde hatten eine Schrittphase von 31 bis 40 min und acht Freizeitpferde leisteten zu je vier Tieren 41 bis 80 min bzw. 81 bis 120 min Schrittarbeit.

Im Mittel betrug die Trabarbeit täglich 19 min. Dabei erstreckte sich die Zeitspanne von 1 min bis zu 60 min. 21 Tiere liefen 1 min bis 10 min Trab, 35 Pferde trabten 11 min bis 20 min, 30

Tiere 21 bis 30 min und zwei Tiere 41 min bis 80 min.

Täglich galoppierten die Pferde im Durchschnitt 17 min mit einer Spannbreite von 1 min bis zu 25 min. 22 Pferde wurden zwischen 1 min und 10 min im Galopp geritten, 58 Pferde zwischen 11 min und 20 min und fünf Pferde galoppierten zwischen 21 min und 30 min.

Zwei Tiere verrichteten keine Trab- und Galopparbeit, fünf Pferde der Versuchsreihe wurden nicht im Galopp geritten.

Tab. 8: Durchschnittliche tägliche Arbeitsdauer in min

| Arbeit | n | Mittelwert | Minimum | Maximum |
|---|---|---|---|---|
| Schritt | 90 | 28 ± 19,23 | 15 | 113 |
| Trab | 88 | 19 ± 9,08 | 1 | 60 |
| Galopp | 85 | 17 ± 5,88 | 1 | 25 |

## 6. Pulsfrequenz

Drei Pferde wurden im Schritt und im Trab geritten, die Galopparbeit entfiel. Zwei Pferde wurden nur im Schritt geritten. Bei diesen fünf Pferden wurde trotzdem in fünf Phasen gemessen und sie wurden in die Berechnung des Sauerstoffverbrauchs nach COENEN (2005) für die Bestimmung des Leistungsbedarfs anhand der Herzfrequenz miteinbezogen.

In der Pulsauswertung werden diese Pferde für Galopparbeit bzw. Trabarbeit ausgenommen und gesondert aufgeführt.

Insgesamt wurden pro Phase sechs Messungen durchgeführt.

### 6.1 Pulsfrequenz beim Aufsatteln (P1)

Im Mittel reichte die Pulsfrequenz beim Aufsatteln im Stehen von 28 bpm bis 43 bpm bei einem Durchschnittswert von 35 bpm.

Die gemessene Spannbreite reichte bei der maximalen Pulsfrequenz im Schritt von 29 bpm bis 44 bpm. Im Mittel waren es 37 bpm.

Tab. 9: Pulsfrequenz (P1) beim Aufsatteln

|  | Mittelwert | Minimum | Maximum |
|---|---|---|---|
| P1 (bpm) | 35 ± 3,79 | 28 | 43 |
| P1max (bpm) | 37 ± 4,19 | 29 | 44 |

n = 87

Die Mehrzahl der Pferde hatte einen durchschnittlichen Pulsschlag zwischen 31 und 35 bpm sowie einen maximalen Pulsschlag zwischen 36 und 40 bpm.

### 6.2 Pulsfrequenz beim unmittelbaren Beginn der Arbeit (P2)

Im Durchschnitt lag die ermittelte Pulsfrequenz nach dem Aufsitzen des Reiters beim unmittelbaren Beginn der Arbeit bei 67 bpm und reichte von 38 bpm bis 115 bpm. Im Mittel betrug die maximale Pulsfrequenz zu Beginn der Arbeit 74 bpm und reichte von 43 bpm bis 129 bpm.

Tab. 10: Pulsfrequenz (P2) beim unmittelbaren Beginn der Arbeit

|  | Mittelwert | Minimum | Maximum |
|---|---|---|---|
| P2 (bpm) | 67 ± 12,71 | 38 | 115 |
| P2max (bpm) | 74 ± 14,25 | 43 | 129 |

n = 87

Hier bildeten 48 Pferde die Hauptgruppe mit einem Puls zwischen 51 und 70 bpm.

### 6.3 Pulsfrequenz in der Lösungsphase (P3)

Im Durchschnitt betrug die Pulsfrequenz im Trab 106 bpm mit Werten zwischen 58 bpm und 168 bpm. Die maximale Pulsfrequenz reichte von 61 bpm bis 176 bpm mit einem Mittelwert von 116 bpm.

Der Vollständigkeit halber seien die beiden ausgenommenen Pferde erwähnt. Das eine Pferd (Nr. 29) mit einem Mittelwert von 47 bpm sowie einen maximalen Wert von 69 bpm in der

Lösungsphase. Das zweite Pferd (Nr. 60) hatte Werte von 59 bpm und 60 bpm.

Tab. 11: Pulsfrequenz (P3) in der Lösungsphase

|  | Mittelwert | Standardabweichung | Minimum | Maximum |
|---|---|---|---|---|
| P3 (bpm) | 106 | ± 21,28 | 58 | 168 |
| P3max (bpm) | 116 | ± 25,09 | 61 | 176 |

n = 85

Über ein Drittel der Tiere hatten einen Pulsschlag zwischen 76 und 100 bpm. Ein weiteres Drittel befand sich im Bereich zwischen 101 und 120 bpm. Das letzte Drittel teilte sich in die Gruppen größer als 121 bpm auf.

### 6.4 Pulsfrequenz in der Arbeitsphase (P4)

Die Pulsfrequenz der 82 Pferde reichte von 64 bpm bis 189 bpm und lag im Mittel bei 132 bpm. Im Mittel betrug die maximale Pulsfrequenz 147 bpm mit einer Spannbreite von 96 bpm bis 206 bpm.

Fünf Pferde verrichteten keine Galopparbeit.

Bei Pferd Nr. 29 und Nr. 60 lag die Pulsfrequenz im Schritt in der Arbeitsphase bei je 70 bpm und 59 bpm.

Bei Nr. 18, Nr. 19 und Nr. 30 betrug die Pulsfrequenz im Trab in der Arbeitsphase im Mittel jeweils 143 bpm, 133 bpm und 119 bpm.

Nr. 29 und Nr. 60 hatten eine maximale Pulsfrequenz von 105 bpm bzw. 62 bpm. Nr. 18, Nr. 19 und Nr. 30 erreichten Werte von 161 bpm, 148 bpm und 139 bpm.

Tab. 12: Pulsfrequenz (P4) in der Arbeitsphase

|  | Mittelwert | Minimum | Maximum |
|---|---|---|---|
| P4 (bpm) | 132 ± 24,21 | 64 | 189 |
| P4max (bpm) | 147 ± 24,29 | 96 | 206 |

n = 82

Die Hauptgruppe bildeten 29 Pferde mit einer Pulsfrequenz zwischen 121 und 140 bpm, mit je einer Gruppe von 19 Pferden eine Klasse darunter zwischen 101 und 120 bpm sowie einer Gruppe mit 15 Pferden eine Klasse darüber mit 141 bis 160 bpm.

### 6.5 Pulsfrequenz beim Trockenreiten (P5)

Die mittlere Pulsfrequenz beim Trockenreiten im Schritt lag bei 80 bpm mit einem Minimum bei 54 bpm und einem Maximum bei 118 bpm.

Im Mittel lag die maximale Pulsfrequenz bei 87 bpm mit einem Minimum von 59 bpm und einem Maximum von 142 bpm.

Tab. 13: Pulsfrequenz (P5) beim Trockenreiten

|  | Mittelwert | Minimum | Maximum |
|---|---|---|---|
| P4 (bpm) | 80 ± 11,93 | 54 | 118 |
| P4max (bpm) | 87 ± 14,61 | 59 | 142 |

n = 87

Über die Hälfte der Pferde hatte beim Trockenreiten eine Pulsfrequenz zwischen 71 und 90 bpm. 17 Pferde lagen zwischen 50 und 70 bpm, 10 Pferde zwischen 91 und 110 bpm und zwei Pferde zwischen 111 und 120 bpm.

## 7. Energiebedarf in ME

Die täglich benötigte Energie gliederte sich in einen Bedarf für die Erhaltung und in einen zusätzlichen Bedarf für die Leistung. Beide Größen wurden rechnerisch anhand der Arbeitsangaben der Reiter und abhängig von der Körpermasse der Pferde (mit und ohne Reiter) ermittelt.

### 7.1 Erhaltungsbedarf in ME

Der Erhaltungsbedarf wurde mit 0,52 MJ ME/kg $KM^{0,75}$ (ZUNTZ und HAGEMANN, 1898; VERMOREL et al., 1997a,b) berechnet.

Im Mittel hatten die Versuchspferde einen Erhaltungsbedarf von 57,9 ± 7,45 MJ ME.

## 7.2 Leistungsbedarf berechnet anhand der Arbeitsdauer

Die Berechnung erfolgte nach Tab. 3 (s. Schrifttum, Kap. 2.2) nach ZUNTZ und HAGEMANN (1898) und PAGAN und HINTZ (1986).

Der Leistungsbedarf betrug im Mittel $0,19 \pm 0,06$ MJ ME/kg $KM^{0,75}$

### 7.2.1 Einteilung in Arbeitsklassen nach dem Leistungsbedarf anhand der Arbeitsdauer

27 Pferde benötigten bis zu 33 % ihres Erhaltungsbedarfs zusätzlich für die von ihnen verrichtete Arbeit und wurden somit der Klasse „leichte Arbeit" zugeteilt. 62 Pferde hatten einen Leistungsbedarf, der 34 bis 67 % ihres Erhaltungsbedarfs entsprach und wurden der Klasse „mittlere Arbeit" zugeteilt. Ein Pferd erreichte einen zusätzlichen Bedarf zwischen 68 und 100 % seines Energiebedarfs für Erhaltung und bildete die Klasse „schwere Arbeit".

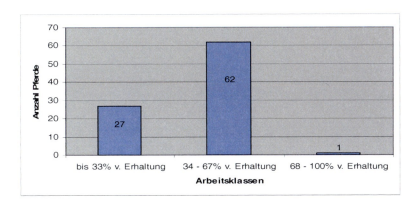

n = 90

Abb. 5: Einteilung in die Arbeitsklassen „leichte", „mittlere" und „schwere Arbeit" anhand der Arbeitsdauer

## 7.3 Leistungsbedarf berechnet anhand der Pulswerte

Der zusätzliche Energiebedarf für Arbeit in Abhängigkeit von der Herzfrequenz wurde nach COENEN (2005) berechnet. Hierbei wurde das Reitergewicht mitberücksichtigt.

Zur Berechnung wurden jeweils die mittleren Pulsfrequenzen und die Dauer von P2 bis P5 herangezogen.

Der Leistungsbedarf betrug im Mittel 0,18 ± 0,07 MJ ME/kg KM$^{0,75}$.

### 7.3.1 Einteilung in Arbeitsklassen nach dem Leistungsbedarf anhand der Pulswerte

39 Pferde benötigten bis zu 33 % ihres Erhaltungsbedarfs für die tägliche Arbeit und wurden in die Klasse „leichte Arbeit" eingeteilt. 44 Pferde verrichteten mit einem Bedarf zwischen 34 und 67 % ihres Erhaltungsbedarfs „mittlere Arbeit" und vier Pferde mit einem Bedarf zwischen 68 und 100 % ihres Erhaltungsbedarfs bildeten die Klasse „schwere Arbeit".

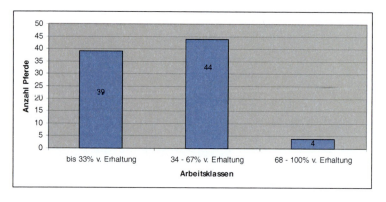

n = 87

Abb. 6: Einteilung in die Arbeitsklassen „leichte", „mittlere" und „schwere Arbeit" anhand der Pulswerte

ERGEBNISSE

## 7.4 Berechneter Energiebedarf in ME anhand der Arbeitsdauer

Zum Erhaltungsbedarf wurde der anhand der Arbeitsdauer berechnete Leistungsbedarf addiert. Daraus ergab sich der tägliche Gesamtbedarf an MJ ME anhand der Dauer der Arbeit.

Im Mittel betrug der Gesamtbedarf 81,6 ± 14,5 MJ ME pro Tier und Tag bzw. 0,73 ± 0,07 MJ ME/kg $KM^{0,75}$ und reichte von 0,54 bis 0,89 MJ ME/kg $KM^{0,75}$.

## 7.5 Berechneter Energiebedarf in ME anhand der Pulswerte

Erhaltungsbedarf und Leistungsbedarf anhand der Pulsfrequenz wurden addiert und zum Gesamtbedarf in MJ ME in Abhängigkeit der Herzfrequenz aufsummiert.

Im Mittel lag der tägliche Gesamtbedarf bei 79,5 ± 13,9 MJ ME pro Tier und Tag bzw. bei 0,71 ± 0,08 MJ ME/kg $KM^{0,75}$ und reichte von 0,54 bis 0,95 MJ ME/kg $KM^{0,75}$.

Zwischen den Mittelwerten für den Gesamtbedarf in MJ ME, berechnet anhand der Arbeitsdauer und anhand der Pulswerte, ergab sich keine signifikante Differenz.

## 8. Energieaufnahme in ME

Die mittlere Energieaufnahme aller Pferde betrug 83,9 ± 18,6 MJ ME pro Tier und Tag bzw. 0,76 ± 0,16 MJ ME/kg $KM^{0,75}$ und reichte von 0,38 bis 1,34 MJ ME/kg $KM^{0,75}$.

# V. DISKUSSION

## 1. Kritik der Methoden

### 1.1 Bestimmung der Futtermengen

Die von den Pferden aufgenommenen Futtermengen wurden anhand der Angaben der Reiter registriert. Beim Kraftfutter sind Irrtümer wenig wahrscheinlich, da die individuell verfütterte Menge bekannt war und von den Tieren aus dem Trog vollständig aufgenommen wurde. Bei den Grundfuttern sind systematische Irrtümer möglich, da die angebotenen Mengen gewogen wurden und eventuelle Verluste beim Fressen nicht berücksichtigt werden konnten. Allerdings erfolgten die Untersuchungen im Jahre 2003/2004, in welchem das Heu sehr knapp war. Ein Luxusangebot erheblich über die gefressene Menge hinaus ist daher wenig wahrscheinlich. Neben einer möglichen unvollständigen Erfassung stellt sich die Frage nach bewussten oder unbewussten Falschangaben der Reiter. Da sich die meisten Pferde in idealem bis leicht übergewichtigen Ernährungszustand befanden, ist eine systematische Abweichung in Richtung eines vom Reiter als sozial besonders erwünscht angesehenen Fütterungsverhaltens, wie z.b. besonders reichliche Fütterung bei einem mageren Pferd, wenig wahrscheinlich.

### 1.2 Energiebewertung der Futtermittel

Heu wurde in der eigenen Untersuchung einheitlich mit 7,1 MJ ME/kg lufttrockene Substanz (8,2 MJ ME/kg TS) bewertet. Bei allen Heuproben ging eine Sinnenprüfung voran, wobei sich kaum Unterschiede hinsichtlich des Blattreichtums ergaben. Dies dürfte eine Besonderheit des Erntejahrs 2003 mit extremer Trockenheit sein, wodurch sich das Zeitfenster für die Heugewinnung des ersten Schnitts stark verengte und es praktische keine Folgeschnitte gab. Vergleicht man mit Werten aus Futterwerttabellen (DLG–TABELLE, 1995), so reicht die Spannweite für die DE in Heu von 7,5 bis 10,8 MJ/kg TS. Werden hiervon die von KIENZLE und ZEYNER (2009[6]) vorgeschlagenen Abzüge von 0,008 MJ/g Rohprotein und 0,002 MJ/g Rohfaser vorgenommen, so reicht die Spannweite von 6,1 bis 8,5 MJ/kg TS. Demnach wurde das Heu des Erntejahrs 2003 mit relativ hohen Werten veranschlagt. Setzt man den niedrigsten Tabellenwert für extrem rohfaserreiches Heu ein, so käme man überschläglich auf eine um etwa 15 % niedrigere Energieaufnahme. Diese Differenz liegt immer noch niedriger als die in der Arbeit von ZMIJA et al. (1991) festgestellten Differenzen zwischen errechnetem

---

[6] Persönliche Mitteilung Kienzle vom 28.01.2009. Zur Publikation unter dem Arbeitstitel „The development of a ME-system for energy evaluation in horses" vorgesehen.

DISKUSSION 41

DE-Bedarf und tatsächlicher DE-Aufnahme. Im Übrigen ist eine derart grobe Fehleinschätzung in Anbetracht der Sinnenprüfung unwahrscheinlich. Bei den Kraftfuttern ist eine systematische Fehleinschätzung ebenfalls unwahrscheinlich, da beim Hafer der Nährstoffgehalt mit dem Litergewicht geschätzt wurde und bei Mischfuttern anhand der Deklarationen.

### 1.3 Arbeit

Auch hier beruhte die Auswertung auf Angaben der Reiter. Das Training im Reitsport unterliegt gewissen Schemata. So ist es z.b. bei Sportpferden üblich, 10 min Schritt zum Aufwärmen zu reiten, sowie am Ende des Trainings 10 bis 15 min Trocken zu reiten. Auch werden Sportpferde selten länger als 1 ¼ Stunden am Tag geritten. Damit ließ sich die Arbeit durch Angaben der Reiter relativ genau einteilen und eine stichprobenartige Überprüfung mit der Stoppuhr untermauerte dies. Es zeigte sich, dass wenn überhaupt, die Arbeit eher gering überschätzt wurde. Die Freizeitreiter bewegten sich im Gelände. Da auch hier eine gewisse Gewöhnung stattfindet und meist die gleichen Wege mit gleichen Trab- und Galoppstrecken geritten werden, konnte hier die Zeitmessung ziemlich exakt durch die Reiter erfolgen.

### 1.4 Puls

Durch die einfache Handhabung des Pulsmessers gelang das korrekte Anlegen zuverlässig. Die Pulsmesserwerte waren plausibel und passten zu den einzelnen Gangarten. Einzelne Ausreißer mit Maximalwerten wie beispielsweise einem Pulschlag von mehr als 200 bpm im Schritt kamen vor. Dies kann durch plötzliches Erschrecken mit Steigerung der Herzfrequenz zustande kommen. Diese Werte spielten nur eine untergeordnete Rolle, da sie in den Durchschnittswert, mit dem gerechnet wurde, einflossen.

### 1.5 Erhaltungsbedarf

In der vorliegenden Arbeit wurde mit einem einheitlichen Erhaltungsbedarf von 0,52 MJ ME/kg $KM^{0,75}$ gerechnet. Damit sind individuelle Fehleinschätzungen möglich. Spontane Bewegungen in der Box oder im Auslauf konnten nicht erfasst werden. Ebenso ist eine leichte Überschätzung des Erhaltungsbedarfs bei leichtfuttrigen Pferden, wie z.B. Ponys, Iberischen Rassen und schweren Warmblütern, möglich. Allerdings ergaben Berechnungen mit 0,4 und 0,46 MJ ME/kg $KM^{0,75}$ für den Erhaltungsbedarf bei Pferden dieser Rassen keine

Diskrepanzen zur Energieaufnahme. Hier dürften die individuellen Differenzen von größerer Bedeutung sein als die Rasseunterschiede. Auch eine Abhängigkeit des Erhaltungsbedarfs vom Trainingszustand (z.b. Pferde mit leichter Arbeit niedrigerer Erhaltungsbedarf) ließ sich nicht durch das Datenmaterial zeigen, da es bei leichter Arbeit keine systematischen Abweichungen der Energieaufnahme vom errechneten Bedarf gab.

**2. Vergleich des Leistungsbedarfs anhand der Arbeitsdauer und Pulswerte**

Es wurden die Werte von 87 Pferden verglichen. Drei Pferde, bei denen keine Pulsmessung möglich war, wurden nicht berücksichtigt. Abb. 7 zeigt die Beziehung zwischen dem nach Arbeitsdauer ermittelten Leistungsbedarf und dem anhand der Pulsmessung ermittelten zusätzlichen Bedarf. Es zeigt sich insgesamt eine gute Übereinstimmung, allerdings bei einer erheblichen Variation. Im unteren und mittleren Leistungsbereich war die Übereinstimmung besser als im höheren. Ein paariger t-Test zwischen den beiden Bestimmungsarten ergab für Werte zwischen 1,6 und 24 MJ keine statistisch signifikante Differenz. Dies war auch dann der Fall, wenn dieser Bereich nochmals in kleinere Unterbereiche aufgeteilt wurde. Bei den höher liegenden Zahlen war der Leistungsbedarf nach Arbeitsdauer systematisch höher als der nach Pulsmessung ermittelte. Hier kommen möglicherweise Effekt wie Arbeit im anaeroben Bereich oder erhöhter Pulsschlag bei Aufregung ins Spiel. Nicht auszuschließen ist auch, dass die Gleichung zur Berechnung des Leistungsbedarfs nach Puls diesen Bereich nicht optimal abbildet. Deshalb wurde die in den eigenen Untersuchungen verwendete Gleichung nach COENEN (2005) mit der älteren nach EATON et al. (1995) (s. Schrifttum Kap. 3.2) verglichen. Ab einem Puls von etwa 90 bpm ergab die letztere Gleichung höhere Werte, davor waren sie zum Teil sogar im negativen Bereich. Daher wurde bis zu einem Puls von 90 bpm die bisherige Gleichung verwendet, bei über 90 bpm die nach EATON et al. (1995). (Abb. 8). Es ergab sich keine Verbesserung des Bestimmtheitsmaßes, die Abweichungen verschoben sich lediglich. Der Grund könnten die oben genannten Probleme bei der Pulsmethode sein. Es ist aber auch nicht auszuschließen, dass bestimmte Effekte wie z.B. tiefer Boden und entsprechend höherer Energiebedarf für gleiche Arbeitsdauer bei gleicher Geschwindigkeit Fehler bei der Schätzung des Bedarfs nach Arbeitsdauer verursachen.

# DISKUSSION

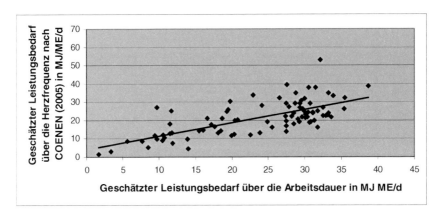

Abb. 7: Vergleich zwischen dem anhand der Arbeitsdauer und anhand der Pulswerte nach COENEN (2005) ermittelten Leistungsbedarf

Leistungsbedarf geschätzt über die Herzfrequenz (COENEN, 2005) in MJ ME/d = 4,15 + Leistungsbedarf nach Arbeit (MJ ME/d) x 0,7304

$r^2 = 0,48$

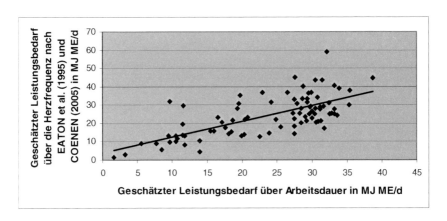

Abb. 8: Vergleich zwischen dem anhand der Arbeitsdauer und anhand der Pulswerte nach EATON et al. (1995) und COENEN (2005) ermittelten Leistungsbedarf

Leistungsbedarf geschätzt über die Herzfrequenz nach EATON et al. (1995) und COENEN (2005) in MJ ME/d = 3,96 + Leistungsbedarf nach Arbeit (MJ ME/d) x 0,8563

$r^2 = 0,48$

## 3. Vergleich zwischen Energiebedarf und Energieaufnahme in ME

Um zu überprüfen, ob die Berechnung nach Puls oder die Schätzung nach Arbeitsdauer die Realität besser abbildet, muss der jeweils errechnete Gesamtbedarf mit der Energieaufnahme verglichen werden. Wie Abb. 9 und Abb. 10 zeigen, besteht zwischen dem Gesamtbedarf nach Arbeitsdauer und der tatsächlichen Energieaufnahme eine engere Beziehung als zwischen dem Gesamtbedarf nach Puls. Da die Abweichungen des individuellen Erhaltungsbedarfs in beiden Fällen gleich sind, kann dies dahingehend interpretiert werden, dass die Berechnung des Bedarfs nach Arbeitsdauer weniger störanfällig ist als die Berechnung mittels Pulsrate (Abb. 11).

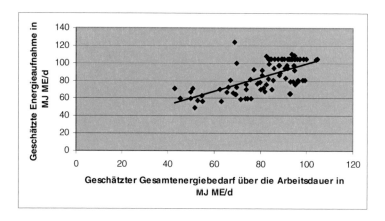

Abb. 9: Vergleich des Energiebedarfs (ME) anhand der Arbeitsdauer mit der tatsächlichen Energieaufnahme (ME)

Geschätzte Energieaufnahme in MJ ME/d =
20,92 + Geschätzter Gesamtenergiebedarf nach Arbeit (MJME/d) x 0,7861
$r^2 = 0,43$

DISKUSSION 45

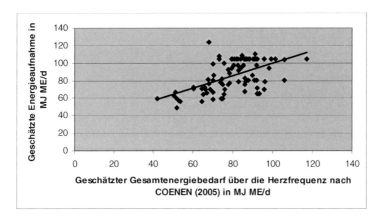

Abb. 10: Vergleich des Energiebedarfs (ME) nach Pulswerten nach COENEN (2005) mit der tatsächlichen Energieaufnahme (ME)

Geschätzte Energieaufnahme in MJ ME/d =
29,19 + Geschätzter Gesamtenergiebedarf nach Herzfrequenz nach COENEN (2005) (MJ ME/d) x 0,7042

$r^2 = 0,31$

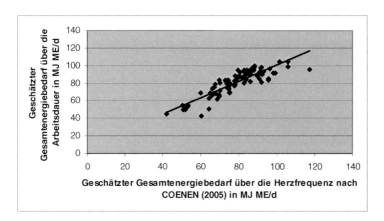

Abb. 11: Vergleich des Energiebedarfs (ME) nach Pulswerten nach COENEN (2005) mit dem Energiebedarf (ME) anhand der Arbeitsdauer

Geschätzter Gesamtenergiebedarf nach Arbeit in MJ ME/d =
8,34 + Geschätzter Gesamtenergiebedarf nach Herzfrequenz nach COENEN (2005) (MJ ME/d) x 0,9232

$r^2 = 0,77$

## 4. Vergleich des ME-Systems mit dem DE-System

Vergleicht man Aufnahme und Bedarf an ME, so ergeben sich keine systematischen Abweichungen (Tab. 14). Zum Vergleich beider Systeme wurde aus den Angaben der Pferdebesitzer zunächst auch die DE-Aufnahme berechnet. Es wurde dabei nach der Gleichung von ZEYNER und KIENZLE (2002) modifiziert nach dem AUSSCHUß FÜR BEDARFSNORMEN DER GESELLSCHAFT FÜR ERNÄHRUNGSPHYSIOLOGIE (2003) vorgegangen, ohne die für die ME vorgeschlagenen Abzüge zu berücksichtigen, selbstverständlich unter Zugrundelegung derselben Nährstoffgehalte und Futtermengen. Der Bedarf wurde nach MEYER und COENEN (2002) berechnet (Tab. 17). Als Erhaltungsbedarf wurden 0,6 MJ DE/kg KM$^{0,75}$ veranschlagt. Es ergaben sich systematische Abweichungen zwischen Bedarf und Aufnahme. Letztere überschritt den Bedarf erheblich (Tab. 14). Dies wurde auch schon in einer vorangegangenen Studie beobachtet (ZMIJA et al., 1991).

Bei einer Ration mit Heu-Kraftfutterrelationen wie in der eigenen Studie ist mit einer Umsetzbarkeit der DE von ca. 85 % zu rechnen. Daher entspricht ein Erhaltungsbedarf von 0,52 MJ ME/kg KM$^{0,75}$ in etwa 0,6 MJ DE/kg KM$^{0,75}$. Dagegen ist der Mehrbedarf für Arbeit im DE-System zahlenmäßig fast gleich hoch wie im ME-System. Es drängt sich daher die Überlegung auf, dass bei der Erstellung der Bedarfszahlen im DE-System die Umsetzbarkeit der DE nicht ausreichend berücksichtigt wurde.

Tab. 14: Energiebedarf und Energieaufnahme im ME- und DE-System

|  | MJ ME/kg KM$^{0,75}$ | MJ DE/kg KM$^{0,75}$ |
|---|---|---|
| Energieaufnahme | 0,76 ± 0,16 | 0,85 ± 0,18 |
| Energiebedarf (Arbeitsdauer) | 0,73 ± 0,07 | 0,81 ± 0,07 |
| Energiebedarf (Puls) | 0,71 ± 0,08 | ----- |

DISKUSSION 47

Betrachtet man die Leistungsklassen „mittlere" und „schwere Arbeit" gesondert, so ergeben sich die folgenden Werte in Tab. 15 und Tab. 16. Die Leistungsklasse „schwere Arbeit" bestimmt anhand der Arbeitsdauer, bildete ein Pferd, daher entfiel die Standardabweichung.

Tab. 15: Energiebedarf und Energieaufnahme bei „mittlerer Arbeit" anhand der Arbeitsdauer und der Pulswerte

|  | MJ ME/kg KM$^{0,75}$ | MJ DE/kg KM$^{0,75}$ |
|---|---|---|
| Energieaufnahme | 0,78 ± 0,13 | 0,9 ± 0,12 |
| Energiebedarf (Arbeitsdauer) | 0,77 ± 0,03 | 0,84 ± 0,03 |
| Energiebedarf (Puls) | 0,75 ± 0,05 | ----- |

Tab. 16: Energiebedarf und Energieaufnahme bei „schwerer Arbeit" anhand der Arbeitsdauer und der Pulswerte

|  | MJ ME/kg KM$^{0,75}$ | MJ DE/kg KM$^{0,75}$ |
|---|---|---|
| Energieaufnahme | 0,88 ± 0,2 | 0,99 ± 0,23 |
| Energiebedarf (Arbeitsdauer) | 0,89 | 0,97 |
| Energiebedarf (Puls) | 0,92 ± 0,03 | ----- |

Tab. 17: Zusätzlich zum Erhaltungsbedarf benötigte Energie für die Eigenbewegung des Pferdes (MEYER und COENEN, 2002)

| Bewegungsart | Geschwindigkeit km/Std. [1] | kJ DE je kg KM pro km [2] | kJ DE je kg KM pro Std [2]. |
|---|---|---|---|
| Schritt langsam | 3 – 3,5 | 1,2 – 1,8 | 7 |
| Schritt schnell | 5 – 6 | 1,8 | 10 |
| Trab leicht | 12 | 2,3 | 27 |
| Trab mittel | 15 | 2,7 | 40 |
| Trab schnell/verhaltener Galopp | 18 | 3,2 | 57 |
| Galopp mittel | 21 | 3,9 | 81 |
| Galopp schnell | 30 | 5 – 6 | |
| Höchstgeschwindigkeit | 50 – 60 | Bis 40 [3] | |

[1] Pferde von 400 – 600 kg KM

[2] Pferd und Reiter

[3] Indirekt geschätzt aufgrund der Energieaufnahme nach ZUNTZ u. HAGEMANN (1898), JACKSON u. BAKER (1983), PAGAN u. HINTZ (1986)

DISKUSSION

## 5. Schlussfolgerungen

Die Ergebnisse der eigenen Untersuchungen zeigen, dass die Berechnung des Energiebedarfs auf der Basis der ME nach KIENZLE und ZEYNER (2009[7]) geeignet ist, den Bedarf arbeitender Pferde wesentlich besser einzuschätzen als das bisher gültige DE-System. Dies liegt nicht in erster Linie an der Bewertung der Futtermittel, sondern vor allem an der Berechnung des zusätzlichen Bedarfs für Arbeit, bei welchem im DE-System die Umsetzbarkeit der Energie überschätzt wurde. Zur Berechnung des Bedarfs für Arbeit eignet sich die Dauer der Arbeit in den verschiedenen Gangarten und Tempi i.d.R. besser als die Pulsmessung. Dies ist auch leichter praktikabel, da kein zusätzliches Gerät erforderlich ist und nur im Bereich einiger weniger Sparten im Pferdesport mit der Pulsuhr geritten wird (z.B. Distanzreiten). Der Erhaltungsbedarf an ME von 0,52 MJ ME/kg $KM^{0,75}$ scheint im Mittel gut für die Population der Reitpferde zu passen, allerdings bei erheblichen individuellen Abweichungen.

---

[7] Persönliche Mitteilung Kienzle vom 28.01.2009. Zur Publikation unter dem Arbeitstitel „The development of a ME-system for energy evaluation in horses" vorgesehen.

## VI. ZUSAMMENFASSUNG

Zur Überprüfung eines Energiebewertungssystems für Pferde auf Stufe der umsetzbaren Energie wurden im Rahmen einer Feldstudie Daten zur Futteraufnahme, Arbeitsdauer sowie zur Pulsfrequenz während der Arbeit bei 90 arbeitenden Pferden erhoben. Die Pferde wurden vom Freizeitsport bis zu anspruchsvollen Turnieren sehr unterschiedlich eingesetzt. Die Futteraufnahme wurde durch Wägung erfasst und die Energiebewertung nach folgender Gleichung vorgenommen (KIENZLE und ZEYNER, 2009[8]):

ME (MJ/kg TS) = - 3,54 + 0,0129 x Rp + 0,0420 x Rfe – 0,0019 x Rfa + 0,0185 x NfE

(Rohnährstoffe in g/kg TS)

Als Grundfutter diente bei allen Pferden Heu. Wurden die Tiere ausschließlich mit Heu gefüttert, lag die mittlere tägliche Aufnahme bei 8,4 ± 1,67 kg Heu. Pferde, die zusätzlich zu ihrer Heuration Hafer bekamen, hatten eine durchschnittliche Aufnahme von 8,4 ± 0,88 kg Heu und 1,4 ± 0,75 kg Hafer. Wurden statt Hafer Mischfutter und Heu gefüttert, lag die Ration bei 8,5 ± 1,22 kg Heu und 1,2 ± 1,06 kg Mischfutter. Bei einer Fütterung von Heu, Hafer und Mischfutter betrug die Aufnahme im Mittel 7,8 ± 0,74 kg Heu, 1,8 ± 0,84 kg Hafer und 1,9 ± 0,88 kg Mischfutter. Die durchschnittliche Rohproteinaufnahme aller Rationstypen lag bei 8,1 ± 1,68 g/kg $KM^{0,75}$.

Die mittlere Arbeitsdauer betrug 64 min am Tag. Die durchschnittliche Schrittdauer lag bei 28 min, die mittlere Trabdauer lag bei 19 min. Die Pferde galoppierten im Mittel 17 min täglich.

Der Erhaltungsbedarf wurde mit 0,52 MJ ME/kg $KM^{0,75}$ (ZUNTZ und HAGEMANN, 1898; VERMOREL et al., 1997 a,b) berechnet. Der Leistungsbedarf für die Bewegung wurde zum einen anhand der Arbeitsdauer und Gangart (MJ ME pro kg Körpermasse von Pferd und Reiter pro Stunde: Schritt 0,01, Trab 0,025, Galopp 0,1; ZUNTZ und HAGEMANN, 1898, PAGAN und HINTZ, 1986) berechnet, zum anderen anhand der Pulsfrequenz während der Bewegung nach folgender Gleichung (COENEN, 2005):

Sauerstoffverbrauch (ml $O_2$/kg Körpermasse von Pferd und Reiter/min) =

0,0019 x (Herzfrequenz)$^{2,0653}$

Dabei entspricht der Sauerstoffverbrauch von 1000 ml $O^2$/kg Körpermasse von Pferd und Reiter/min 0,2 MJ.

---

[8] Persönliche Mitteilung Kienzle vom 28.01.2009. Zur Publikation unter dem Arbeitstitel „The development of a ME-system for energy evaluation in horses" vorgesehen.

# ZUSAMMENFASSUNG

Der Leistungsbedarf, der anhand der Arbeitsdauer berechnet wurde, lag durchschnittlich bei 0,19 ± 0,06 MJ ME/kg $KM^{0,75}$. Der Leistungsbedarf nach Pulswerten betrug im Durchschnitt 0,18 ± 0,07 MJ ME/kg $KM^{0,75}$.

Für den Gesamtenergiebedarf berechnet anhand der Arbeitsdauer ergaben sich Werte von 0,73 ± 0,07 MJ ME/kg $KM^{0,75}$. Für den Gesamtenergiebedarf, geschätzt über die Pulsmessung, ergaben sich 0,71 ± 0,08 MJ ME/kg $KM^{0,75}$. Zwischen beiden bestand eine enge positive Beziehung ($r^2 = 0,77$). Die mittlere Energieaufnahme aller Pferde lag bei 0,76 ± 0,16 MJ ME/kg $KM^{0,75}$ und stimmte damit sehr gut mit dem mittleren Bedarf überein. Zwischen den Einzelwerten der Energieaufnahme und dem berechneten Energiebedarf bestand eine mäßig straffe Beziehung (nach Arbeitsdauer $r^2=0,43$, nach Pulsmessung $r^2=0,31$).

Wurde die Energiebewertung auf der Stufe der DE nach ZEYNER und KIENZLE (2002) vorgenommen und der Energiebedarf nach geltenden Empfehlungen berechnet, so ergab sich eine systematische Unterschätzung des Energiebedarfs um im Mittel 8 %.

## VII. SUMMARY

**A field study about energy requirements and energy intake of working horses to evaluate a ME-System for energy evaluation in horses**

To evaluate a ME-system for energy evaluation in horses data about feed intake, work duration and heart rate during work of 90 working horses were collected. These horses ranged from recreational riding to high level sport competitions. Feed intake was conceived by weighing and energy intake was estimated by the following equation (KIENZLE and ZEYNER, 2009[9]):

ME (MJ/kg TS) = - 3.54 + 0.0129 x Rp + 0.0420 x Rfe – 0.0019 x Rfa + 0.0185 x NfE

(crude nutrients in g/kg dry matter)

All horses were fed basicly hay. Those who were fed only hay had a mean intake of 8.4 ± 1.67 kg. Those who got hay and oats had a mean intake of 8.4 ± 0.88 kg hay and 1.4 ± 0.75 kg oats. Horses which were fed hay and mixed feed got 8.5 ± 1.22 kg hay and 1.2 ± 1.06 kg mixed feed. And last but not least horses which were fed hay, oats and mixed feed got 7.8 ± 0.74 kg hay, 1.8 ± 0.84 kg oats and 1.9 ± 0.88 kg mixed feed in the mean. The mean intake of crude protein of all rations was 8.1 ± 1.68 g/kg $BW^{0.75}$.

The mean working time was 64 min per day. Walking was about 28 min/d, trotting about 19 min/d and cantering was about 17 min/d in the mean.

The energy requirement for maintenance was calculated by 0,52 MJ ME/kg $BW^{0.75}$ (ZUNTZ und HAGEMANN, 1898; VERMOREL et al., 1997 a,b).The energy requirement for work was calculated on the one hand by time and pace (MJ ME/kg BW of horse and rider/h: walking 0.01; trotting 0.025; cantering 0.1; ZUNTZ and HAGEMANN,1898; PAGAN and HINTZ, 1986) and on the other hand by heart rate during work using the following equation (COENEN, 2005):

Oxygen utilization (ml $O_2$/kg BW/min) = 0.0019 x (Heart Rate)$^{2.0653}$

1 liter oxygen utilization means 0.2 MJ.

The energy requirement for work was 0.19 ± 0.06 MJ ME/kg $BW^{0.75}$ in the mean. It was 0.18 ± 0.07 MJ ME/kg $BW^{0.75}$ for calculating by heart rate.

The energy requirements calculated by time was 0.73 ± 0.07 MJ ME/kg $BW^{0.75}$. Energy requirement calculated by heart rate was 0.71 ± 0,08 MJ ME/kg $BW^{0.75}$. Between both was a

---

[9] Personal message by Kienzle from 28.01.2009. Provided for publication entitled „The development of a ME-system for energy evaluation in horses".

SUMMARY

close positive correlation ($r^2 = 0,77$). Mean energy intake was $0.76 \pm 0.16$ MJ ME/kg $BW^{0,75}$ and agreed perfectly with the mean energy requirements. Between values of energy intake and calculated energy requirements was a small correlation (by time $r^2 = 0,43$, by heart rate $r^2 = 0,31$)

If the energy evaluation was made in DE (ZEYNER and KIENZLE, 2002) and the energy requirements were calculated by current references, there was a systematic underestimation of energy requirements of 8 % in the mean.

## VIII. ZITIERTE LITERATUR

**ANDERSON, C.E., POTTER, G.D., KREIDER, J.L., COURTNEY, C.C. (1983):**
Digestible energy requirements for exercising horses,
J. Anim. Sci. 56: 91-95

**ATWATER, W.O. (1902):**
Principles of nutrition and nutritive value of food,
Farmer`s Bulletin 142
In: NRC (2007): Nutrient requirements of dogs and cats, National Academy Press, Washington D.C.: 28-48

**BARTH, K.M., WILLIAMS, J.W., BROWN, D.G. (1977):**
Digestible energy requirements of working and non-working ponies,
J. Anim. Sci. 44: 585-589

**BULLIMORE, S.R., PAGAN, J.D., HARRIS, P.A., HOEKSTRA, K.E., ROOSE, K.A., GARDNER, S.C., GEOR, R.J. (2000):**
Carbohydrate supplementation of horses during endurance exercise: comparison of fructose and glucose,
J. Nutr. 130: 1760-1765

**BUSH, J.A., FREEMAN, D.E., KLINE, K.H., MERCHEN, N.R., FAHEY, G.C.jr. (2001):**
Dietary fat supplementation effects on in vitro nutrient disappearance and in vitro nutrient intake and total digestibility by horses,
J. Anim. Sci. 79: 232-239

**CARROLL, C.L., HUNTINGTON, P.J. (1988):**
Body condition scoring and weight estimation of horses,
Equine Vet. J. 20: 41-45

**CLAYTON, H.M. (1994):**
Training show jumpers,
In: D.R. Hodgson, R.J. Rose: The Athletic Horse,
Philadelphia, PA W.B. Saunders: 429–438

**COENEN, M. (2005):**
About the predictability of oxygen consumption and energy expenditure in the exercising Horse,
In: Proc.19th Equine Science Soc., Tucson, AZ: 123

**COUROUCÉ, A., GEFFROY, O., BARREY, E., AUVINET, B., ROSE, R.J. (1999):**
Comparison of exercise tests in French trotters under training track, racetrack and treadmill Conditions,
Equine Vet. J. Suppl. 30: 528-532

**DANIELSEN, K., LAWRENCE, L.M., SICILIANO, P., POWELL, D., THOMPSON, K. (1995):**
Effect of diet on weight and plasma variables in endurance exercised horses,
Equine Vet. J. Suppl. 18: 372-377

**DLG FUTTERWERTTABELLEN PFERDE (1995):**
3. Auflage
DLG Verlag, Frankfurt am Main: 58-67, 68-91

**DOHERTY, O., BOOTH, M., WARAN; N., SALTHOUSE, C., CUDDEFORD, D. (1997):**
Study of the heart rate and energy expenditure of ponies during transport,
Vet. Rec. 141: 589-592

**EATON, M.D. (1994):**
Energetics and performance,
In: D.R. Hodgson, R.J. Rose: The Athletic Horse, Philadelphia, PA W.B. Saunders: 49-61

**EATON, M.D., HODGSON, D.R., EVANS, D.L., ROSE, R.J. (1995):**
Effect of treadmill incline and speed on metabolic rate during exercise in thoroughbred Horses,
J. Appl. Physiol. 79: 951-957

**FERGUSON, J.D., GALLIGAN, D.T., THOMSEN, N. (1994):**
Principal descriptors of body condition score in Holstein cows,
J. Dairy Sci. 77: 2695–2703

**FERRELL, C.L. (1988):**
Energy metabolism,
In: D.C. Church: The Ruminant Animal. Digestive physiology and nutrition, Englewood Cliffs, NJ Prentice Hall: 250-268

**FOLEY, W.J., McLEAN, S., CORK, S.J. (1995):**
Consequences of biotransformation of plant secondary metabolites on acid base metabolism in mammals – a final common pathway?,
J. Chem. Ecol. 21: 721-774

**FONNESBECK, P.V. (1981):**
Estimating digestible energy and TDN for horses with chemical analysis of feeds,
J. Anim. Sci. 53 (Supplement 1): 241

**GARLINGHOUSE, S.E., BURRILL, M.J. (1998):**
Relationship of body condition score to completion rate during 160-km endurance races,
Online im Internet:URL:http://shady-acres.com/susan/tevis95-96.shtml [Stand 18.08.07]

**GARLINGHOUSE, S.E., BRAY, R.E., COGGER, E.A., WICKLER, S.J. (1999):**
The influence of body measurements and condition score on performance results during the 1998 Tevis Cup,
Online im Internet:URL:http://shady-acres.com/susan/tevis98.shtml [Stand 18.08.07]

**HARRIS, P. (1997):**
Energy sources and requirements of the exercising horse,
Annu. Rev. Nutr. 17: 185-210

**HASHIMOTO, M., FUNABA, M., OSHIMA, S., ABE, M. (1995):**
Characteristic relation between dietary metabolizable energy content and digestible energy content in laboratory cats,
Exp. Anim. 44: 23-28

**HENNEKE, D.R., POTTER, G.D., KREIDER, J.L., YEATES, B.F. (1983):**
Relationship between condition score, physical measurements and body fat percentage in mares,
Equine Vet. J. 15: 371-372

**HIRAGA, A., KAI, M., KUBO, K., YAMAYA, Y., KIPP, B. (1995):**
The effects of incline on cardiopulmonary function during exercise in the horse,
J. Equine Sci. 6: 55-60

**HINTZ, H.F., HOGUE, D.E., WALKER, E.F.jr., LOWE, J.E., SCHRYVER, H.F. (1971):**
Apparent Digestion in various segments of the digestive tract of ponies fed diets with varying roughage-grain rations,
J. Anim. Sci. 32: 245–248

**HINTZ, H.F., SCOTT, J., SODERHOKM, L.V., WILLIAMS, J. (1985):**
Extruded feeds for horses,
In: Proc.9$^{th}$ Equine Nutr. Physiol. Symp., East Lansing, MI: 174-176

**HOFFMANN, L., KLIPPEL, W., SCHIEMANN, R. (1967):**
Untersuchungen über den Energieumsatz beim Pferd unter besonderer Berücksichtigung der Horizontalbewegung,
Arch. Tierern. 17: 441-449

**HOIS, C., KIENZLE, E., SCHULZE, A. (2005):**
Gewichtsschätzung und Gewichtsentwicklung bei Fohlen und Jungpferden,
Pferdeheilkunde 21: 552-558

**HOWARD, A.D., POTTER, G.D., MICHAEL, E.M., GIBBS, P.G., HOOD, D.M., SCOTT, B.D. (2003):**
Heart rates, cortisol and serum cholesterol in exercising horses fed diets supplemented with omega-3 fatty acids,
In: Proc.18$^{th}$ Equine Nutr. Physiol. Soc. Symp. East Lansing, MI: 41-46

**HOYT, D.F., TAYLOR, C.R. (1981):**
Gait and the energetics locomotion in horses,
Nature 292: 239-240

**JACKSON, S.G., BAKER, J.P. (1983):**
Digestible energy requirements and effect of exercise on selected plasma biochemical parameters in thoroughbred geldings at the gallop,
In: 8$^{th}$ Equine Nutr. Phys. Sympl.: 113-118

**JANSEN, W.L., VAN DER KUILEN, J., GEELEN, S.N.J., BEYNEN, A.C. (2000):**
The effect of replacing nonstructural carbohydrates with soybean oil on the digestibility of fibre in trotting horses,
Equine Vet. J. 32: 27-30

**JANSEN, W.L., GEELEN, S.N.J., VAN DER KUILEN, J., BEYNEN, A.C. (2002):**
Dietary soybean oil depressed the apparent digestibility of fibre in trotters when substituted for an iso-energetic amount of corn starch or glucose,
Equine Vet. J. 34: 302-305

**KAMPHUES, J., COENEN, M., IBEN, C., KIENZLE, E., PALLAUF, J., SIMON, O., WANNER, M., ZENTEK, J. (2009):**
Supplemente zu Vorlesungen und Übungen in der Tierernährung
11. Auflage
Verlag M. und H. Schaper, Alfeld-Hannover: 28-35, 242

## ZITIERTE LITERATUR

**KANE, R.A., BAKER, J.P., BULL, L.S. (1979):**
Utilization of corn oil supplemented diet by the pony,
J. Anim. Sci. 48: 1379-1383

**KATZ, L.M., BAYLY, W.M., ROEDER, M.J., KINGSTON, J.K., HINES, M.T. (2000):**
Effects of training on maximum oxygen consumption of ponies,
Am. J. Vet. Res. 81: 986-991

**KIENZLE, E., FEHRLE, S., OPITZ, B. (2002):**
Interactions between the apparent energy and nutrient digestibilities of a concentrate mixture and roughages in horses,
J. Nutr. 132: 1778–1780

**KIENZLE, E., SCHRAMME, S. (2004):**
Beurteilung des Ernährungszustandes mittels Body Condition Scores und Gewichtsschätzung beim adulten Warmblutpferd,
Pferdeheilkunde 20: 517-524

**KIENZLE, E., BERCHTOLD, L., ZEYNER, A. (2009):**
Effects of hay versus concentrate on urinary energy excretion in horses,
In: Proc. Soc. Nutr. Physiol. 18: 118

**KRONFELD, D.S. (1996):**
Dietary fat affects heat production and other variables of equine performance under hot and humid conditions,
Equine Vet. J. 22: 24-34

**LAWRENCE, L., JACKSON, S., KLINE, K., MOSER, D., POWELL, D., BIEL, M. (1992):**
Observations on body weight and condition of horses in a 150-mile endurance ride,
J. Equine Vet. Sci. 12: 320-324

**LEIGHTON-HARDMAN, A.C. (1980):**
Equine Nutrition,
Pelham Books, London: 9-17

**LINDHOLM, A. (1975):**
Muscle morphology and metabolism in standardbred horses at rest and during exercise,
Acta Vet.Scand: Supplementum
In: D.F. McMiken (1983): An energetic basis of equine performance,
Equine Vet. J. 15 (2): 123-133

**MARLIN, D., NANKERVIS, K. (2002):**
Equine exercise physiology,
Blackwell Science Ltd., Oxford: 8-16

**MARTIN-ROSSET, W., ANDRIEU, J., VERMOREL, M., DULPHY, J.P. (1984):**
Valeur nutritive des aliments pour le cheval,
In: R. Jarrige, W. Martin-Rosset: Le Cheval – Reproduction, Sélection, Alimentation,
Exploitation, INRA Publications, Route de St. Cyr, Versailles: 208-238

**MARTIN-ROSSET, W. (1990):**
L`alimentation des cheveaux,
In: N. Miraglia, D. Gagliardi, M. Polidori, D. Bergero (1998): Condizione corporea nel cavallo atleta: Relazione tra il Body Condition Score e la tecnica ultra-sonografica,
Obiettivi und Documenti Veterinari 11: 59-65

**MARTIN-ROSSET, W., VERMOREL, M. (1991):**
Maintenance energy requirement variations determined by indirect calorimetry and feeding trials in light horses,
J. Equine Vet. Sci. 11: 42-45

**MARTIN-ROSSET, W., VERMOREL, M., DOREAU, M., TISSERAND, J.L., ANDIEU, J. (1994):**
The french horse feed evaluation systems and recommended allowances for energy and protein,
Livest. Prod. Sci. 40: 37-56

**MARTIN-ROSSET, W. (2000):**
Feeding standards for energy and protein for horses in France,
In: Proc. 2000 Equine Nutr. Conf. for Feed Manufacturers
Kentucky Equine Research Inc., Versailles, KY: 31-94

**MARTIN-ROSSET, W., VERMOREL, M. (2004):**
Evaluation and expression of energy allowances and energy value of feeds in the UFC system for the performance horse,
In: V. Julliand, W. Martin-Rosset: Nutrition of the Performance Horse, eds. EAAP
Publication 111, Netherlands, Wageningen Academic Publishers: 29-60

**McBRIDE, G.E., CHRISTOPHERSON, R.J., SAUER, W. (1985):**
Metabolic rate and plasma thyroid concentrations of mature horses in response to changes in ambient temperatures,
Can. J. Anim. Sci. 65: 375-382

**McMIKEN, D.F. (1983):**
An energetic basis of equine performance,
Equine Vet. J. 15(2): 123-133

**MEYER,H., COENEN,M. (2002):**
Pferdefütterung,
4. erweiterte und aktualisierte Auflage
Blackwell Wissenschafts-Verlag: 6, 46, 192-195

**MILNER, J., HEWITT, D. (1969):**
Weight of horses: Improved estimates based on girth and length,
Can. Vet. J. 10: 314-316

**MORGAN, K., EHRLEMARK, A., SALLVIK, K. (1997):**
Dissipation of heat from standing horses exposed to ambient temperatures between -3°C and 37°C,
J. Thermal. Biol. 22: 177–186

**MORGAN, K. (1998):**
Thermoneutral zone and critical temperature of horses,
J. Thermal. Biol. 23: 59-61

**MÖLLMANN, F. (2007):**
Analysen und Abschätzung des Mineralstoffgehaltes in Heuproben aus oberbayrischen Pferdehaltungsbetrieben,
Diss. Vet. Med., Ludwig-Maximilians-Universität, München

**NRC (1981):**
Effect of environment on nutrient requirements of domestic animals,
National Academy Press, Washington D.C.: 59-84

**NRC (1989):**
Nutrient Requirements of Horses,
5th rev.ed., National Academy Press, Washington D.C.: 2-9, 39-40

**NRC (2000):**
Nutrient requirements of beef cattle,
National Academy Press, Washington D.C.: 3-15

**NRC (2001):**
Nutrient Requirements of dairy cattle,
National Academy Press, Washington D.C.: 13-27

**NRC (2007):**
Nutrient requirements of horses,
6th rev.ed., National Academy Press, Washington D.C.: 3-33

**NRC (2007a):**
Nutrient requirements of dogs and cats,
National Academy Press, Washington D.C.: 29

**PAGAN, J.D., HINTZ, H.F. (1986a):**
Equine Energetics I. Relationship between body weight and energy requirements in horses,
J. Anim. Sci. 63: 815-821

**PAGAN, J.D., HINTZ, H.F. (1986b):**
Equine energetics II. Energy expenditure in horses during submaximal exercise,
J. Anim. Sci. 63: 822-830

**PAGAN, J.D., HARRIS, P., BREWSTER-BARNES, T., DUREN, S.E., JACKSON, S.G. (1998):**
Exercise affects digestibility and rate of passage of all-forage and mixed diets in thoroughbred horses,
J. Nutr. 128: 2704S–2707S

**POWELL D.M., REEDY S.E., SESSIONS, D.R., FITZGERALD, B.P. (2002):**
Effect of short-term exercise training on insulin sensitivity in obese and lean mares,
Equine Vet. J. Suppl. (34): 81-84

**RICH, V.B., FONTENOT, J.P., MEACHAM, T.N. (1981):**
Digestibility of animal, vegetable and blended fats by equine,
In: Proc.7th Equine Nutr. Physiol. Soc. Symp., Warrenton, WV: 30-34

**RIDGWAY, K.J. (1994):**
Training endurance horses,
In: D.R. Hodgson, R.J. Rose: The Athletic Horse, eds.
Philadelphia, W.B. Saunders: 409-418

**RUBNER, M. (1901):**
Der Energiewert der Kost des Menschen,
Z. Biol. 42: 261-308

**SERRANO, M.G., EVANS, D.L., HODGSON, J.L. (2002):**
Heart rate and blood lactate responses during exercise in preparation for eventing competition,
Equine Vet. J. Suppl. 34: 135-139

**STILLIONS, M.C., NELSON, W.E. (1972):**
Digestible energy during maintenance of the light horse,
J. Anim. Sci. 34: 981-982

**THORNTON, J., PAGAN, J.D., PERSSON, S. (1987):**
The oxygen cost of weight loading and inclined treadmill exercise in the horse,
In: J.R. Gillespie, N.E. Robinson: Equine Exercise Physiology 2, eds. Davis, CA ICEEP Publ.: 206-215

**VERMOREL, M., MARTIN-ROSSET, W., VERNET, J. (1991):**
Energy utilization of two diets for maintenance by horses; agreement with the new french net energy system,
J. Equine Vet. Sci. 11: 33-35

**VERMOREL, M. MARTIN-ROSSET, W. (1997):**
Concepts, scientific bases, structure and validation of the French horse net energy system (UFC),
Livest. Prod. Sci. 47: 261-275

**VERMOREL, M., MARTIN-ROSSET, W., VERNET, J. (1997a):**
Energy utilization of twelve forage or mixed diets for maintenance by sport horses,
Livest. Prod. Sci. 47: 57–167

**VERMOREL, M., VERNET, J., MARTIN-ROSSET, W. (1997b):**
Digestive and energy utilization of two diets by ponies and horses,
Livest. Prod. Sci. 51: 13-19

**WEBB, S.P., POTTER, G.D., EVANS, J.W. (1987):**
Physiologic and metabolic response of race and cutting horses to added dietary fat,
In: Proc.10th Equine Nutr. Physiol. Soc. Symp. Fort Collins, CO: 115

**WEBB, S.P., POTTER, G.D., EVANS, J.W., WEBB, G.W. (1990):**
Influence of body fat content on digestible energy requirements of exercising horses in temperate and hot environments,
Equine Vet. Sci. 10: 116-120

**WOODEN, G.R., KNOX, K.L., WILD, C.L. (1970):**
Energy metabolism in light horses,
J. Anim. Sci. 30: 544-548

**WRIGHT, B. (1998):**
Body condition scoring,
Online im Internet: URL
http://www.gov.on.ca/OMAFRA/english/livestock/horses/facts/bodycon.htm [Stand 13.07.07]

**ZEYNER, A., KIENZLE, E. (2002):**
A method to estimate digestible energy in horse feed,
J. Nutr. 132: 1771S-1773S
Modifiziert nach dem Ausschuß für Bedarfsnormen der Gesellschaft für Ernährungsphysiologie (2003)
In: Proc. Soc. Nutr. Physiol. 12: 123-126

**ZMIJA, G., MEYER, H., KIENZLE, E. (1991):**
Feeds and feeding in German training stables of race horses,
In: Proc.12$^{th}$ Equine Nutr. Physiol. Soc. Symp., Calgary, Alberta: 85-90

**ZUNTZ, N., HAGEMANN, O. (1898):**
Untersuchungen über den Stoffwechsel des Pferdes bei Ruhe und Arbeit,
Landwirtsch.Jb.27, Erg. Bd. III: 266, 285-338

## IX. ANHANG

Tab. 18: Körpermaße der Pferde und berechnete Körpermasse

| Pferd Nr. | BM | BU | KU | RB | HU | KM |
|---|---|---|---|---|---|---|
| 3 | 165 cm | 189 cm | 410 cm | 21 cm | 119 cm | 541 kg |
| 4 | 160 cm | 182 cm | 405 cm | 20 cm | 110 cm | 491 kg |
| 5 | 164 cm | 179 cm | 385 cm | 22 cm | 115 cm | 481 kg |
| 6 | 174 cm | 190 cm | 419 cm | 22 cm | 125 cm | 587 kg |
| 7 | 178 cm | 199 cm | 415 cm | 23 cm | 129 cm | 619 kg |
| 8 | 174 cm | 191 cm | 402 cm | 23 cm | 125 cm | 575 kg |
| 10 | 162 cm | 184 cm | 393 cm | 21 cm | 115 cm | 483 kg |
| 11 | 163 cm | 190 cm | 393 cm | 22 cm | 115 cm | 507 kg |
| 12 | 170 cm | 187 cm | 407 cm | 22 cm | 112 cm | 538 kg |
| 13 | 171 cm | 192 cm | 396 cm | 20 cm | 132 cm | 558 kg |
| 14 | 176 cm | 201 cm | 448 cm | 23 cm | 125 cm | 616 kg |
| 15 | 171 cm | 194 cm | 410 cm | 25 cm | 123 cm | 589 kg |
| 16 | 162 cm | 180 cm | 394 cm | 21 cm | 113 cm | 480 kg |
| 17 | 173 cm | 195 cm | 413 cm | 20 cm | 117 cm | 563 kg |
| 18 | 133 cm | 147 cm | 311 cm | 17 cm | 94 cm | 255 kg |
| 19 | 142 cm | 159 cm | 345 cm | 19 cm | 101 cm | 318 kg |
| 20 | 172 cm | 190 cm | 409 cm | 25 cm | 125 cm | 582 kg |
| 21 | 162 cm | 187 cm | 416 cm | 21 cm | 125 cm | 542 kg |
| 22 | 141 cm | 178 cm | 369 cm | 22 cm | 132 cm | 427 kg |
| 23 | 174 cm | 200 cm | 417 cm | 24 cm | 129 cm | 628 kg |
| 25 | 137 cm | 159 cm | 325 cm | 18 cm | 102 cm | 293 kg |
| 26 | 168 cm | 187 cm | 391 cm | 22 cm | 118 cm | 508 kg |
| 27 | 136 cm | 168 cm | 351 cm | 19 cm | 102 cm | 331 kg |
| 28 | 164 cm | 187 cm | 387 cm | 21 cm | 129 cm | 506 kg |

ANHANG

| 29 | 174 cm | 203 cm | 415 cm | 22 cm | 125 cm | 597 kg |
|----|--------|--------|--------|-------|--------|--------|
| 30 | 167 cm | 198 cm | 418 cm | 22 cm | 123 cm | 577 kg |
| 31 | 173 cm | 199 cm | 412 cm | 21 cm | 122 cm | 578 kg |
| 32 | 178 cm | 192 cm | 420 cm | 22 cm | 124 cm | 612 kg |
| 33 | 177 cm | 193 cm | 398 cm | 22 cm | 128 cm | 583 kg |
| 34 | 175 cm | 196 cm | 405 cm | 21 cm | 129 cm | 591 kg |
| 35 | 174 cm | 191 cm | 412 cm | 23 cm | 117 cm | 585 kg |
| 36 | 180 cm | 198 cm | 406 cm | 22 cm | 120 cm | 594 kg |
| 37 | 174 cm | 194 cm | 405 cm | 22 cm | 121 cm | 568 kg |
| 38 | 175 cm | 194 cm | 404 cm | 20 cm | 118 cm | 560 kg |
| 39 | 182 cm | 200 cm | 420 cm | 21 cm | 116 cm | 603 kg |
| 40 | 171 cm | 191 cm | 402 cm | 21 cm | 121 cm | 546 kg |
| 41 | 169 cm | 188 cm | 390 cm | 20 cm | 118 cm | 513 kg |
| 42 | 168 cm | 190 cm | 400 cm | 22 cm | 113 cm | 530 kg |
| 43 | 174 cm | 198 cm | 411 cm | 22 cm | 120 cm | 577 kg |
| 44 | 168 cm | 190 cm | 410 cm | 23 cm | 120 cm | 566 kg |
| 45 | 170 cm | 188 cm | 396 cm | 20 cm | 115 cm | 521 kg |
| 46 | 185 cm | 204 cm | 440 cm | 24 cm | 125 cm | 682 kg |
| 47 | 179 cm | 196 cm | 412 cm | 23 cm | 119 cm | 604 kg |
| 48 | 165 cm | 188 cm | 400 cm | 21 cm | 116 cm | 514 kg |
| 49 | 185 cm | 195 cm | 432 cm | 23 cm | 116 cm | 643 kg |
| 50 | 175 cm | 205 cm | 415 cm | 22 cm | 125 cm | 619 kg |
| 51 | 173 cm | 190 cm | 401 cm | 21 cm | 113 cm | 534 kg |
| 52 | 170 cm | 190 cm | 380 cm | 22 cm | 121 cm | 516 kg |
| 53 | 178 cm | 202 cm | 422 cm | 23 cm | 115 cm | 620 kg |
| 54 | 177 cm | 193 cm | 398 cm | 21 cm | 115 cm | 557 kg |
| 55 | 176 cm | 203 cm | 423 cm | 23 cm | 125 cm | 634 kg |

| | | | | | | |
|---|---|---|---|---|---|---|
| 56 | 168 cm | 195 cm | 398 cm | 20 cm | 122 cm | 534 kg |
| 57 | 172 cm | 194 cm | 400 cm | 23 cm | 112 cm | 542 kg |
| 58 | 174 cm | 195 cm | 425 cm | 22 cm | 125 cm | 608 kg |
| 59 | 178 cm | 200 cm | 420 cm | 20 cm | 122 cm | 599 kg |
| 60 | 145 cm | 190 cm | 380 cm | 21 cm | 111 cm | 441 kg |
| 61 | 175 cm | 190 cm | 408 cm | 21 cm | 125 cm | 578 kg |
| 62 | 182 cm | 205 cm | 430 cm | 22 cm | 126 cm | 649 kg |
| 63 | 174 cm | 195 cm | 420 cm | 21 cm | 111 cm | 571 kg |
| 64 | 168 cm | 198 cm | 426 cm | 21 cm | 116 cm | 571 kg |
| 65 | 175 cm | 201 cm | 430 cm | 22 cm | 118 cm | 620 kg |
| 66 | 176 cm | 204 cm | 440 cm | 22 cm | 122 cm | 637 kg |
| 67 | 168 cm | 188 cm | 414 cm | 22 cm | 125 cm | 567 kg |
| 68 | 175 cm | 197 cm | 396 cm | 21 cm | 120 cm | 548 kg |
| 69 | 175 cm | 190 cm | 388 cm | 22 cm | 120 cm | 525 kg |
| 70 | 185 cm | 206 cm | 440 cm | 22 cm | 120 cm | 662 kg |
| 71 | 186 cm | 201 cm | 436 cm | 22 cm | 126 cm | 655 kg |
| 72 | 173 cm | 197 cm | 420 cm | 23 cm | 120 cm | 597 kg |
| 73 | 180 cm | 197 cm | 416 cm | 23 cm | 123 cm | 610 kg |
| 74 | 145 cm | 185 cm | 360 cm | 20 cm | 115 cm | 375 kg |
| 75 | 168 cm | 200 cm | 420 cm | 24 cm | 125 cm | 589 kg |
| 76 | 154 cm | 183 cm | 374 cm | 21 cm | 126 cm | 454 kg |
| 77 | 147 cm | 178 cm | 363 cm | 21 cm | 102 cm | 362 kg |
| 78 | 150 cm | 198 cm | 392 cm | 25 cm | 125 cm | 505 kg |
| 79 | 147 cm | 175 cm | 364 cm | 19 cm | 112 cm | 358 kg |
| 80 | 152 cm | 178 cm | 360 cm | 19 cm | 108 cm | 358 kg |
| 81 | 170 cm | 188 cm | 410 cm | 22 cm | 118 cm | 541 kg |
| 82 | 148 cm | 172 cm | 354 cm | 20 cm | 120 cm | 351 kg |

ANHANG

| 83 | 153 cm | 181 cm | 397 cm | 20 cm | 119 cm | 471 kg |
|---|---|---|---|---|---|---|
| 84 | 159 cm | 188 cm | 414 cm | 19 cm | 114 cm | 498 kg |
| 85 | 159 cm | 192 cm | 400 cm | 22 cm | 131 cm | 532 kg |
| 86 | 165 cm | 181 cm | 388 cm | 17 cm | 115 cm | 445 kg |
| 87 | 180 cm | 202 cm | 470 cm | 23 cm | 125 cm | 703 kg |
| 88 | 176 cm | 204 cm | 430 cm | 22 cm | 120 cm | 614 kg |
| 89 | 185 cm | 198 cm | 434 cm | 22 cm | 114 cm | 415 kg |
| 90 | 170 cm | 195 cm | 440 cm | 21 cm | 117 cm | 600 kg |

Von Pferd Nr. 1,2,9 und 24 lagen Wiegedaten vor

Tab. 19: Tägliche Futteraufnahme der Pferde

| Pferd Nr. | Mischfutter Menge in kg/d | Hafer Menge in kg/d | Heu Menge in kg/d | Mineralfutter Menge in kg/d |
|---|---|---|---|---|
| 1 | 2,616 |  | 6 |  |
| 2 | 2,616 |  | 6 |  |
| 3 |  |  | 6 |  |
| 4 | 0,5 | 0,23 | 6 |  |
| 5 | 0,5 | 0,42 | 6 |  |
| 6 | 3,2 | 1,845 | 8 | 0,105 |
| 7 | 0,635 | 1,23 | 8 | 0,105 |
| 8 |  | 2,46 | 8 | 0,105 |
| 9 |  | 1,845 | 8 | 0,105 |
| 10 |  | 1,23 | 8 | 0,105 |
| 11 | 1,24 | 1,23 | 8 | 0,105 |
| 12 | 1,498 |  | 10 |  |
| 13 | 0,554 |  | 10 |  |
| 14 | 0 | 2 | 10 |  |

| | | | | |
|---|---|---|---|---|
| 15 | | 2 | 10 | |
| 16 | 1 | | 10 | |
| 17 | 2 | | 10 | |
| 18 | | | 10 | |
| 19 | | | 10 | |
| 20 | | 1,23 | 8 | 0,105 |
| 21 | 2,044 | | 8 | |
| 22 | 1,047 | | 8 | |
| 23 | | 1,23 | 8 | 0,105 |
| 24 | 2,07 | 1,23 | 8 | 0,105 |
| 25 | | 0,3 | 8 | |
| 26 | 1,035 | 0,615 | 8 | 0,105 |
| 27 | | 0,3 | 8 | |
| 28 | 0,8 | | 8 | 0,105 |
| 29 | 1,035 | 0,615 | 8 | 0,105 |
| 30 | 0,75 | 1 | 9 | |
| 31 | 2,4 | 2,5 | 8 | |
| 32 | 2,4 | 2,5 | 8 | |
| 33 | 2,4 | 2,5 | 8 | |
| 34 | 2,4 | 2,5 | 8 | |
| 35 | 2,4 | 2,5 | 8 | |
| 36 | 2,4 | 2,5 | 8 | |
| 37 | 2,4 | 1,5 | 8 | |
| 38 | 2,4 | 2,5 | 8 | |
| 39 | 2,4 | 2,5 | 8 | |
| 40 | 2,4 | 2,5 | 8 | |
| 41 | 2,4 | 2,5 | 8 | |

| 42 | 2,4 | 1,5 | 8 | |
|---|---|---|---|---|
| 43 | 2,4 | 2,5 | 8 | |
| 44 | 2,4 | 2,5 | 8 | |
| 45 | 2,4 | 2,5 | 8 | |
| 46 | 2,4 | 2,5 | 8 | |
| 47 | 2,4 | 2,5 | 8 | |
| 48 | 2,4 | 2 | 8 | |
| 49 | 2,4 | 2,5 | 8 | |
| 50 | 2,4 | 2,5 | 8 | |
| 51 | 2,4 | 2,5 | 8 | |
| 52 | 2,4 | 2,5 | 8 | |
| 53 | 2,4 | 2,5 | 8 | |
| 54 | 2,4 | 2,5 | 8 | |
| 55 | 2,4 | 2,5 | 8 | |
| 56 | 0,5 | | 9 | |
| 57 | 0,3 | 0,3 | 7,5 | |
| 58 | 0,3 | 0,3 | 7,5 | |
| 59 | 0,3 | 0,3 | 7,5 | |
| 60 | 0,3 | 0,3 | 6 | |
| 61 | 3,04 | 2,04 | 7 | |
| 62 | 1,44 | 1,65 | 7 | |
| 63 | 3,04 | 2,04 | 7 | |
| 64 | 4,16 | | 7 | |
| 65 | 1,44 | 1,65 | 7 | |
| 66 | 1,92 | 1,36 | 7 | |
| 67 | 3,04 | 2,04 | 7 | |
| 68 | 1,92 | 1,36 | 7 | |

| | | | | |
|---|---|---|---|---|
| 69 | 4,16 | 2,04 | 7 | |
| 70 | 1,92 | 1,36 | 7 | |
| 71 | 1,92 | 1,36 | 7 | |
| 72 | 3,04 | 2,04 | 7 | |
| 73 | 1,44 | 1,65 | 7 | |
| 74 | | | 8 | |
| 75 | 0,885 | 0,5 | 9 | |
| 76 | | | 8 | |
| 77 | 0,1 | | 8 | |
| 78 | 0,225 | | 8 | |
| 79 | 0,6 | | 8 | |
| 80 | 0,645 | | 9 | |
| 81 | 0,855 | | 9 | |
| 82 | 0,14 | 0,18 | 9 | |
| 83 | 0,22 | | 9 | |
| 84 | 1,4 | | 9 | |
| 85 | 0,2 | | 9 | |
| 86 | 1,05 | 2,34 | 9 | |
| 87 | 1,342 | 2,4 | 9 | |
| 88 | 1,542 | 2,8 | 9 | |
| 89 | 2,085 | 3,6 | 9 | |
| 90 | 1,042 | 1,8 | 9 | |

ANHANG

Tab. 20: Energieaufnahme (ME) und Energiebedarf (ME) nach Arbeitsdauer und Pulswerten

| Pferd Nr. | Energieaufnahme (MJ ME/d) | Energiebedarf nach Arbeitsdauer (MJ ME/d) | Energiebedarf nach Puls nach COENEN (2005) (MJ ME/d) |
|---|---|---|---|
| 1 | 65,52 | 93,09 | 93,31 |
| 2 | 65,52 | 92,57 | 92,29 |
| 3 | 42,38 | 83,82 | -- |
| 4 | 50,48 | 78,32 | -- |
| 5 | 52,49 | 72,21 | -- |
| 6 | 108,90 | 94,90 | 84,58 |
| 7 | 75,79 | 82,62 | 77,82 |
| 8 | 82,97 | 90,88 | 86,24 |
| 9 | 76,45 | 78,60 | 67,76 |
| 10 | 69,93 | 73,86 | 66,14 |
| 11 | 81,05 | 75,51 | 67,39 |
| 12 | 85,69 | 80,62 | 70,27 |
| 13 | 76,00 | 95,01 | 86,15 |
| 14 | 91,83 | 94,85 | 83,09 |
| 15 | 91,83 | 80,85 | 83,09 |
| 16 | 81,67 | 83,35 | 74,67 |
| 17 | 92,70 | 77,21 | 77,76 |
| 18 | 70,64 | 42,88 | 60,15 |
| 19 | 70,64 | 50,80 | 64,32 |
| 20 | 69,93 | 80,06 | 75,81 |
| 21 | 77,32 | 78,78 | 78,27 |
| 22 | 67,03 | 65,43 | 69,86 |
| 23 | 69,93 | 84,99 | 95,81 |

| | | | |
|---|---|---|---|
| 24 | 88,70 | 88,46 | 78,24 |
| 25 | 59,69 | 45,31 | 41,87 |
| 26 | 72,80 | 69,57 | 60,06 |
| 27 | 59,69 | 49,79 | 51,96 |
| 28 | 64,15 | 69,37 | 65,08 |
| 29 | 72,80 | 66,14 | 65,72 |
| 30 | 80,85 | 66,92 | 69,92 |
| 31 | 104,40 | 91,82 | 99,41 |
| 32 | 104,40 | 96,11 | 117,17 |
| 33 | 104,40 | 92,48 | 91,07 |
| 34 | 104,40 | 93,45 | 86,57 |
| 35 | 104,40 | 92,68 | 80,92 |
| 36 | 104,40 | 93,80 | 82,44 |
| 37 | 93,80 | 90,51 | 83,94 |
| 38 | 104,40 | 89,51 | 86,05 |
| 39 | 104,40 | 94,93 | 88,27 |
| 40 | 104,40 | 87,72 | 79,55 |
| 41 | 104,40 | 83,54 | 73,00 |
| 42 | 93,80 | 85,67 | 79,45 |
| 43 | 104,40 | 91,68 | 85,74 |
| 44 | 104,40 | 90,30 | 92,51 |
| 45 | 104,40 | 84,53 | 84,15 |
| 46 | 104,40 | 104,82 | 101,66 |
| 47 | 104,40 | 95,09 | 79,70 |
| 48 | 99,10 | 83,66 | 69,92 |
| 49 | 104,40 | 99,96 | 88,32 |
| 50 | 104,40 | 96,98 | 91,60 |

# ANHANG

| 51 | 104,40 | 86,23 | 81,74 |
|---|---|---|---|
| 52 | 104,40 | 83,89 | 95,81 |
| 53 | 104,40 | 97,08 | 87,23 |
| 54 | 104,40 | 89,13 | 90,41 |
| 55 | 104,40 | 98,82 | 88,50 |
| 56 | 67,69 | 81,89 | 86,10 |
| 57 | 59,50 | 76,04 | 74,91 |
| 58 | 59,50 | 74,44 | 74,28 |
| 59 | 59,50 | 73,57 | 74,83 |
| 60 | 48,90 | 51,71 | 51,64 |
| 61 | 97,68 | 94,48 | 85,26 |
| 62 | 79,03 | 96,22 | 96,39 |
| 63 | 97,68 | 88,29 | 80,48 |
| 64 | 86,21 | 88,28 | 90,03 |
| 65 | 79,03 | 94,22 | 86,62 |
| 66 | 80,31 | 96,31 | 87,92 |
| 67 | 97,68 | 87,80 | 82,59 |
| 68 | 80,31 | 85,40 | 91,09 |
| 69 | 107,83 | 82,59 | 73,09 |
| 70 | 80,31 | 99,32 | 106,09 |
| 71 | 80,31 | 98,48 | 91,97 |
| 72 | 97,68 | 91,39 | 92,09 |
| 73 | 79,03 | 92,98 | 82,97 |
| 74 | 56,51 | 54,86 | 53,42 |
| 75 | 75,40 | 73,70 | 74,80 |
| 76 | 56,51 | 62,94 | 64,31 |
| 77 | 57,47 | 52,86 | 52,93 |

| | | | |
|---|---|---|---|
| 78 | 58,87 | 71,37 | 70,01 |
| 79 | 63,02 | 54,65 | 50,48 |
| 80 | 70,12 | 62,29 | 68,71 |
| 81 | 71,29 | 81,25 | 92,29 |
| 82 | 66,89 | 49,91 | 50,99 |
| 83 | 65,66 | 68,07 | 66,87 |
| 84 | 78,17 | 79,69 | 73,93 |
| 85 | 64,77 | 69,12 | 75,46 |
| 86 | 100,07 | 69,73 | 75,43 |
| 87 | 103,58 | 104,20 | 105,91 |
| 88 | 110,05 | 93,47 | 91,27 |
| 89 | 124,19 | 68,67 | 68,02 |
| 90 | 93,88 | 91,79 | 98,18 |

ANHANG

Tab. 21: BCS-Schema nach KIENZLE und SCHRAMME (2004)

| BCS | Hals | Schulter | Rücken | Brustwand | Hüfte | Schweifansatz |
|---|---|---|---|---|---|---|
| 1 | Seitenfläche konkav, Atlas sichtbar, 3.-6. Halswirbel fühlbar, 4.-5. sichtbar, kein Kammfett, Axthieb | Skapula komplett sichtbar, 6.-8. Rippe sichtbar, Faltenbildung nicht möglich | Dorn- und Querfortsätze und Rippenansätze sichtbar, Kruppe konkav. Haut nicht verschiebbar | 6.-18. Rippe komplett sichtbar. Haut nicht verschiebbar | Hungergrube eingefallen, Hüfthöcker prominent, Sitzbeinhöcker sichtbar, Kruppe konkav, After eingefallen | Einzelne Wirbel abgrenzbar, Linie Sitzbeinhöcker-Schwanzwirbel konkav |
| 2 | Seitenfläche konkav, Atlas und 4.-5. Halswirbel fühlbar, kein Kammfett, Axthieb | Skapula kranial und Spina sichtbar, 6.-8. Rippe fühlbar, 7.-8. sichtbar, Faltenbildung schwierig | Dorn- und Querfortsätze sichtbar, Rippenansätze fühlbar, Kruppe konkav. Haut nicht verschiebbar | 7.-18. Rippe komplett sichtbar. Haut nicht verschiebbar | Hungergrube eingefallen, Hüfthöcker prominent, Sitzbeinhöcker sichtbar, über Kreuzbein gerade, After eingefallen | Einzelne Wirbel nicht abgrenzbar, Linie Sitzbeinhöcker-Schwanzwirbel konkav |
| 3 | Seitenfläche leicht konkav, 4.-5. Halswirbel mit leichtem Druck fühlbar, kein Kammfett, Axthieb | Spina sichtbar, 7.-8. Rippe fühlbar, Faltenbildung schwierig | Dornfortsätze sichtbar, Kruppe gerade, Haut nicht verschiebbar | 7.-18. Rippe Seitenflächen sichtbar. Haut nicht verschiebbar | Hungergrube eingefallen, Hüfthöcker prominent, kraniale Kante scharf, Sitzbeinhöcker sichtbar, After etwas eingefallen | Keine einzelnen Wirbel sichtbar, Linie Sitzbeinhöcker-Schwanzwirbel konkav |
| 4 | Seitenfläche gerade, Halswirbel nur bei starkem Druck fühlbar, Kammfett bis 4 cm hoch, Axthieb undeutlich | Spina teilweise sichtbar, über 7. bedeckt, 8. Rippe fühlbar, kurze Falte unter großer Spannung möglich, Haut etwas verschiebbar | Dornfortsätze nur am Widerrist sichtbar, Kruppe leicht konvex, Haut nicht verschiebbar | 11.-14. Rippe sichtbar, 9.-18. Rippe fühlbar, Haut etwas verschiebbar | Dorsaler Hüfthöcker prominent, kraniale Kante scharf, Sitzbeinhöcker zu erahnen | Kontur des Schwanzwirbels zu erahnen, Linie Sitzbeinhöcker-Schwanzwirbel leicht konkav |
| 5 | Seitenfläche leicht konvex, Kammfett 4-5,5 cm hoch | Spina zu erahnen, über 7. Rippe weich, 8. Rippe fühlbar, kurze Falte unter Spannung möglich, Haut leicht verschiebbar | Kruppe rund oder herzförmig, Haut etwas verschiebbar, 14.-18. Rippe bei leichtem Druck fühlbar | Rippen undeutlich sichtbar, 10.-18. Rippe fühlbar, Haut verschiebbar | Dorsaler Hüfthöcker leicht prominent, kraniale Kante rund, Sitzbeinhöcker fühlbar, Innenschenkel berühren sich | Schwanzwirbel bedeckt, Linie Sitzbeinhöcker-Schwanzwirbel gerade |
| 6 | Seitenfläche leicht konvex, Kammfett 5,5-7 cm hoch | Über 7.-8. Rippe Gewebe weich, kurze Falte unter wenig Spannung möglich, Haut leicht verschiebbar | Kruppe rund oder herzförmig, Haut leicht verschiebbar, 14.-18. Rippe bei starkem Druck fühlbar | Rippen nicht sichtbar, 14.-18. Rippe fühlbar, Haut leicht verschiebbar | Dorsaler Hüfthöcker zu erahnen, Sitzbeinhöcker-Schwanzhöcker-Schwanzwirbel fühlbar, Innenschenkel berühren sich | Festes Fettpolster neben 3. Schwanzwirbel, Linie Sitzbeinhöcker-Schwanzwirbel konvex |
| 7 | Seitenfläche leicht konvex, Kammfett 7-8,5 cm hoch | Über 7.-9. Rippe Gewebe weich, Falte spannungsfrei möglich | Kruppe weich, bei 14.-18. Rippe Fettpolster, Falten möglich | 15.-17. Rippe fühlbar, Haut leicht verschiebbar, über 9.-18. Rippe weich, Fingerkuppen sinken etwas ein, Falten mit viel Spannung möglich | Hüfthöcker abgerundet, fühlbar, Innenschenkel berühren sich | Weiches Fettpolster neben 3. Schwanzwirbel, Linie Sitzbeinhöcker-Schwanzwirbel deutlich konvex |
| 8 | Seitenfläche leicht konvex, Kammfett 8,5-10 cm hoch | Über 7.-9. Rippe Gewebe weich, hohe Falte spannungsfrei möglich | Kruppe rund oder herzförmig, Gewebe weich, bei 14.-18. Rippe dickes Fettpolster, dicke Falten möglich | Rippe kaum fühlbar, Haut leicht verschiebbar, über 9.-18. Rippe weich, Fingerkuppen sinken gut ein, Falten möglich | Hüfthöcker eingedeckt, fühlbar, Innenschenkel berühren sich | Weiches Fettpolster neben 3. Schwanzwirbel, Linie Sitzbeinhöcker-Schwanzwirbel deutlich konvex |
| 9 | Seitenfläche konvex, Kammfett >10 cm hoch | Fettdepot bis Widerrist und Brust, hohe Falte spannungsfrei möglich | Durchgehendes Fettpolster | Rippen nicht fühlbar, durchgehendes Fettpolster | Hüfthöcker nicht mehr als Vorwölbung erkennbar | Durchgebendes Fettpolster |

## X. DANKSAGUNG

Mein Dank gilt in besonderem Maße Herrn Prof. Dr. Dr. Jürgen Zentek vom Institut für Tierernährung des Fachbereichs Veterinärmedizin der Freien Universität Berlin für die Übernahme der Dissertation und für die gewährte Unterstützung.

Meiner Betreuerin Frau Prof. Dr. Ellen Kienzle vom Lehrstuhl für Tierernährung und Diätetik der LMU München danke ich ebenfalls in besonderem Maße nicht nur für die Überlassung dieses interessanten Themas, sondern auch für ihr Vertrauen und die sehr konstruktive und detaillierte Korrektur dieser Arbeit.

Herzlich bedanken möchte ich mich bei Frau Dr. Sylvia von Rosenberg für das geduldige Korrekturlesen und die sehr hilfreichen Hinweise.

Frau Gaede vom Promotionsbüro der FU Berlin und Frau Noack vom Lehrstuhl für Tierernährung und Diätetik der LMU München sei gedankt, dass sie stets ein offenes Ohr für meine Anliegen hatten.

Der Tierärztlichen Praxis Dr. Achim Reusch sowie der Tierärztlichen Praxis Harald Pfeiffer danke ich für ihre Unterstützung bei der Auswahl der Probanden. Sie waren wertvolle Chefs.

Dem Haupt- und Landgestüt Marbach danke ich für die Bereitstellung von Pferden und Reitern zur Teilnahme an dieser Studie.

Des Weiteren danke ich allen unerwähnt gebliebenen Pferden und Reitern, die als Probanden an dieser Studie teilgenommen haben.

Bei meinem Chef Herrn Dr. Alois Willburger, bei Dr. Carola Scholz und Dr. Gerhard Ney sowie allen Kollegen des Veterinäramtes und Landwirtschaftamtes Sigmaringen möchte ich mich ganz herzlich für ihr Verständnis und ihre Geduld während der Fertigstellung dieser Dissertation bedanken.

Ute und Traugott danke ich, dass sie sich seit 12 Jahren um Francis und mich kümmern.

Silke und Chris danke ich, dass sie mich immer unterstützt und ermutigt haben.

Mein größter Dank aber gilt meiner Familie, die während des Studiums, den Staatsexamen und der Dissertation großes Durchhaltevermögen bewies und mir immer zur Seite stand.

## XI. SELBSTSTÄNDIGKEITSERKLÄRUNG

Hiermit bestätige ich, dass ich die vorliegende Arbeit selbständig angefertigt habe. Ich versichere, dass ich ausschließlich die angegebenen Quellen und Hilfen in Anspruch genommen habe.


Christiane Schüler